对接世界技能大赛技术标准创新系列教材

技工院校一体化课程教学改革工业机器人应用与维护专业教材

工业机器人工作站调整

人力资源社会保障部教材办公室　组织编写

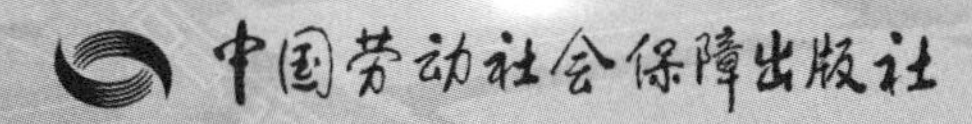

内容简介

本套教材为对接世赛标准深化一体化专业课程改革工业机器人应用与维护专业教材，对接世赛机器人系统集成等项目，学习目标融入世赛要求，学习内容对接世赛技能标准，考核评价方法参照世赛评分方案，并设置了世赛知识栏目。

本书主要内容包括：工业机器人工作站产品换型调整、工业机器人工作站生产节拍调整、工业机器人工作站非标机构调整等。

图书在版编目（CIP）数据

工业机器人工作站调整 / 人力资源社会保障部教材办公室组织编写 . -- 北京：中国劳动社会保障出版社，2021

对接世界技能大赛技术标准创新系列教材　技工院校一体化课程教学改革工业机器人应用与维护专业教材

ISBN 978-7-5167-4989-0

Ⅰ. ①工…　Ⅱ. ①人…　Ⅲ. ①工业机器人－工作站－调整－技工学校－教材　Ⅳ. ①TP242.2

中国版本图书馆 CIP 数据核字（2021）第 232546 号

中国劳动社会保障出版社出版发行

（北京市惠新东街 1 号　邮政编码：100029）

*

北京市艺辉印刷有限公司印刷装订　新华书店经销

880 毫米 ×1230 毫米　16 开本　6.75 印张　152 千字

2021 年 12 月第 1 版　2025 年 2 月第 3 次印刷

定价：16.00 元

营销中心电话：400-606-6496

出版社网址：http://www.class.com.cn

http://jg.class.com.cn

对接世界技能大赛技术标准创新系列教材

本书编审人员

主　　编：许　松

副 主 编：廖开喜　周大勇

参　　编：余忠平　吴维波　张冬泉　张扬吉

审　　稿：李　阳

序

世界技能大赛由世界技能组织每两年举办一届，是迄今全球地位最高、规模最大、影响力最广的职业技能竞赛，被誉为“世界技能奥林匹克”。我国于2010年加入世界技能组织，先后参加了五届世界技能大赛，累计取得36金、29银、20铜和58个优胜奖的优异成绩。第46届世界技能大赛将在我国上海举办。2019年9月，习近平总书记对我国选手在第45届世界技能大赛上取得佳绩作出重要指示，并强调，劳动者素质对一个国家、一个民族发展至关重要。技术工人队伍是支撑中国制造、中国创造的重要基础，对推动经济高质量发展具有重要作用。要健全技能人才培养、使用、评价、激励制度，大力发展技工教育，大规模开展职业技能培训，加快培养大批高素质劳动者和技术技能人才。要在全社会弘扬精益求精的工匠精神，激励广大青年走技能成才、技能报国之路。

为充分借鉴世界技能大赛先进理念、技术标准和评价体系，突出“高、精、尖、缺”导向，促进技工教育与世界先进标准接轨，完善我国技能人才培养模式，全面提升技能人才培养质量，人力资源社会保障部于2019年4月启动了世界技能大赛成果转化工作。根据成果转化工作方案，成立了由世界技能大赛中国集训基地、一体化课改学校，以及竞赛项目中国技术指导专家、企业专家、出版集团资深编辑组成的对接世界技能大赛技术标准深化专业课程改革工作小组，按照创新开发新专业、升级改造传统专业、深化一体化专业课程改革三种对接转化原则，以专业培养目标对接职业描述、专业课程对接世界技能标准、课程考核与评价对接评分方案等多种操作模式和路径，同时融入健康与安全、绿色与环保及可持续发展理念，开发与世界技能大赛项目对接的专业人才培养方案、教材及配套教学资源。首批对接 19 个世界技能大赛项目共 12 个专业的成果将于 2020—2021 年陆续出版，主要用于技工院校日常专业教学工作中，充分发挥世界技能大赛成果转化对技工院校技能人才的引领示范作用。在总结经验及调研的基础上选择新的对接项目，陆续启动第二批等世界技能大赛成果转化工作。

希望全国技工院校将对接世界技能大赛技术标准创新系列教材，作为深化专业课程建设、创新人才培养模式、提高人才培养质量的重要抓手，进一步推动教学改革，坚持高端引领，促进内涵发展，提升办学质量，为加快培养高水平的技能人才作出新的更大贡献！

2020年11月

工业机器人应用与维护专业一体化教学参考书目录

序号	书名
1	电工基础（第六版）
2	电子技术基础（第六版）
3	机械与电气识图（第四版）
4	机械知识（第六版）
5	电工仪表与测量（第六版）
6	电机与变压器（第六版）
7	安全用电（第六版）
8	电工材料（第五版）
9	可编程序控制器及其应用（三菱）（第四版）
10	可编程序控制器及其应用（西门子）（第二版）
11	电力拖动控制线路与技能训练（第六版）
12	电工技能训练（第六版）
13	工业机器人基础
14	工业机器人操作与编程（ABB）
15	工业机器人操作与编程（FANUC）
16	工业机器人安装与调试
17	工业机器人仿真设计（ABB）
18	工业机器人仿真设计（FANUC）
19	工业机器人维护与保养

目　录

学习任务1　工业机器人工作站产品换型调整

1. 能读懂工业机器人工作站产品换型调整任务单，与主管和客户沟通，明确工作站调整任务要求和工期要求。

2. 能细致准确地观察、记录和分析工作站现场设备运行情况，查阅工业机器人工作站使用说明书，结合工作站现场设备运行情况，制订工作站产品换型调整计划。

3. 能以独立或小组合作方式，按照工作站调整计划和安全生产操作规范，在规定工期内完成工作站的工装设备、感应装置等的更换与调整，并进行自检。

4. 能按照调整计划和安全生产操作规范，上电检测工业机器人的夹具、传感器、上下料仓定位装置等的信号。

5. 能根据产品的生产工艺要求，调整工业机器人程序，并进行上电测试。

6. 能准确记录工作站调整内容并存档，正确规范地填写变更记录单。

7. 能及时对工作中的新方法、新举措进行总结分享，对发现的问题和安全事项等分析原因，总结不足，提出有效的改进措施。

40 学时

工作情境描述

某汽车发动机生产企业现有一个工业机器人打磨工作站，用于发动机外壳去毛刺，该工作站主要由1台六轴工业机器人、1台机床、1个上料台、1个下料台、1套PLC总控系统组成。根据生产计划准备生产新型号的发动机，因发动机尺寸变大，现需从设备供应商提供的5个打磨头中选择1个与新型号发动机相适应的打磨头，并进行安装调试。生产班组长要求操作调整工在1天内完成调整工作。

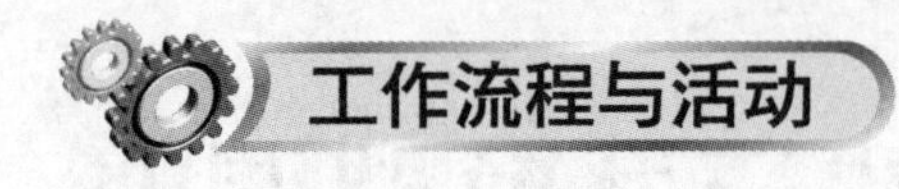

1．明确任务，制订计划（6 学时）

2．产品换型调整（24 学时）

3．产品换型调整的检查（6 学时）

4．工作总结与评价（4 学时）

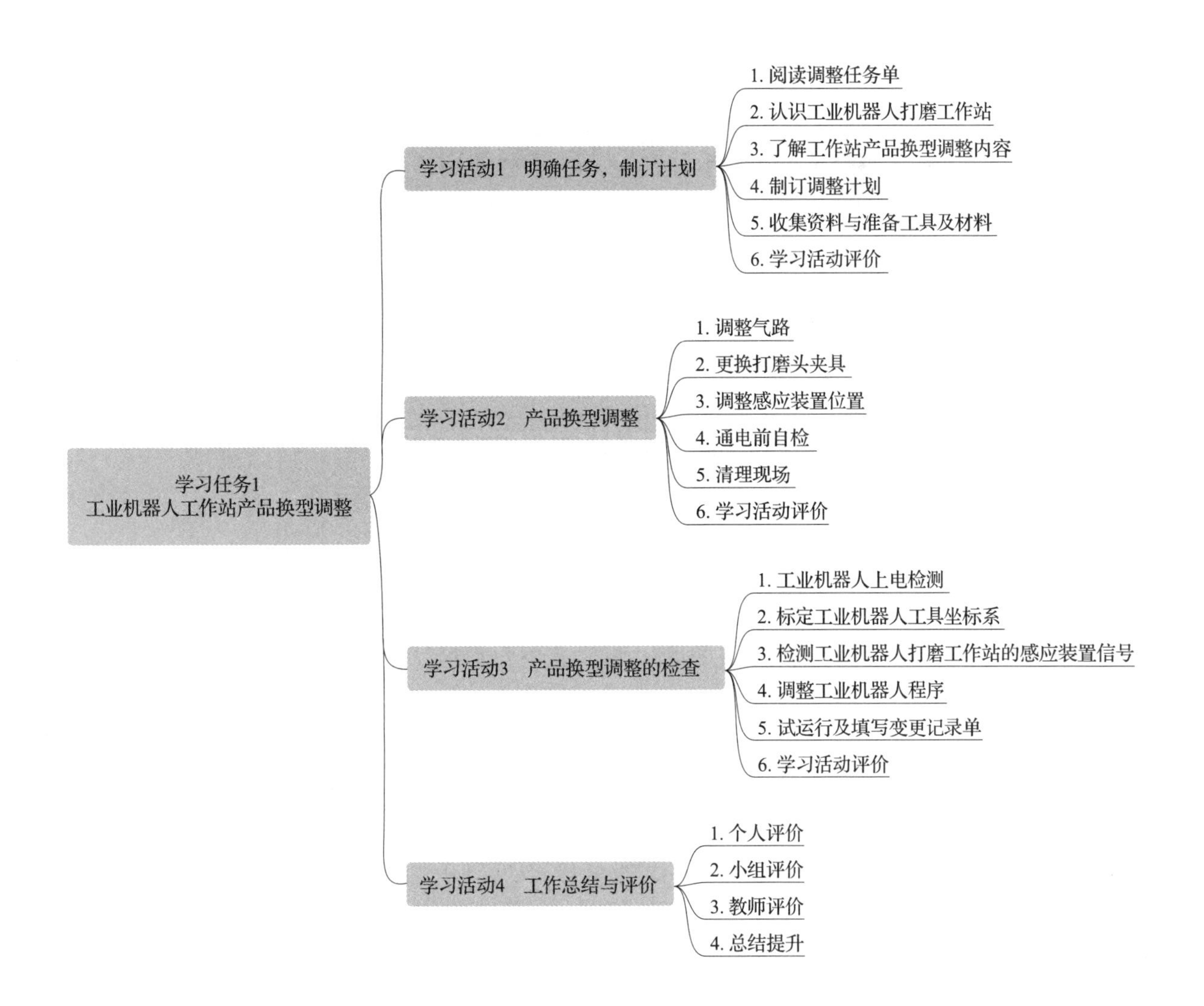
学习任务1
工业机器人工作站产品换型调整
学习活动1　明确任务，制订计划
1. 阅读调整任务单
2. 认识工业机器人打磨工作站
3. 了解工作站产品换型调整内容
4. 制订调整计划
5. 收集资料与准备工具及材料
6. 学习活动评价
学习活动2　产品换型调整
1. 调整气路
2. 更换打磨头夹具
3. 调整感应装置位置
4. 通电前自检
5. 清理现场
6. 学习活动评价
学习活动3　产品换型调整的检查
1. 工业机器人上电检测
2. 标定工业机器人工具坐标系
3. 检测工业机器人打磨工作站的感应装置信号
4. 调整工业机器人程序
5. 试运行及填写变更记录单
6. 学习活动评价
学习活动4　工作总结与评价
1. 个人评价
2. 小组评价
3. 教师评价
4. 总结提升

学习活动 1　明确任务，制订计划

学习目标

1. 能读懂工业机器人工作站产品换型调整任务单，与主管和客户沟通，明确工作站调整任务要求和工期要求。

2. 能细致准确地观察、记录和分析工作站现场设备运行情况，查阅工业机器人工作站使用说明书，结合工作站现场设备运行情况，制订工作站产品换型调整计划。

3. 能领用合适的调整工具和材料，制订小组分工及工期计划。

建议学时：6 学时

学习过程

一、阅读调整任务单

阅读本学习任务的工作情境描述，并查阅相关资料，结合本学习任务的实际情况，填写表 1-1-1 所示的工业机器人工作站产品换型调整任务单，并回答如下相关问题。

表 1-1-1　　工业机器人工作站产品换型调整任务单

任务名称				接单日期	
工作地点				工期	
工作内容	根据生产计划准备生产新型号的发动机，因发动机尺寸变大，现需从设备供应商提供的 5 个打磨头中选择 1 个与新型号发动机相适应的打磨头，并进行安装调试				
相关资料	工业机器人打磨工作站使用说明书、工业机器人操作说明书、工作站运行情况记录表、安全生产操作规范等				
调整要求	保证工件加工质量，满足工件定位的稳定性和可靠性				
客户姓名		联系电话		验收日期	
团队负责人姓名		联系电话		团队名称	
备注					

1．阅读调整任务单，与主管沟通，简述本次工作站调整任务的要求。

2．本调整任务所需的工期为多长时间?

3．查阅相关手册，简述本调整任务需要遵循的相关技术标准。

二、认识工业机器人打磨工作站

1．工业机器人打磨工作站是制造业中比较常见的工业机器人工作站，能够胜任各种机加工件、铸件、非金属件的去毛刺及抛光等工作。请查阅资料，结合图 1-1-1 所示工业机器人打磨工作站工作实物图，简述与人工打磨相比工业机器人打磨工作站打磨所具有的优势。

图 1-1-1　工业机器人打磨工作站工作实物图

2．现场观察工业机器人打磨工作站，查阅工业机器人打磨工作站的使用说明书，在表 1–1–2 中填写工作站中各模块的作用。

表 1–1–2　　　　工业机器人打磨工作站各模块的作用

序号	图示	名称	作用
1	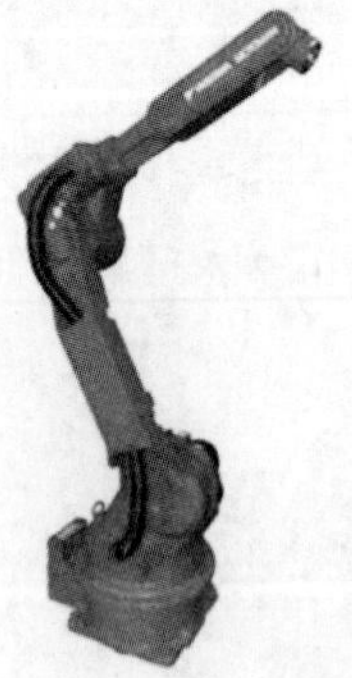	六轴工业机器人	
2		浮动去毛刺打磨头	

续表

序号	图示	名称	作用
3		除尘器	
4		空气压缩机	
5		工作台	
6	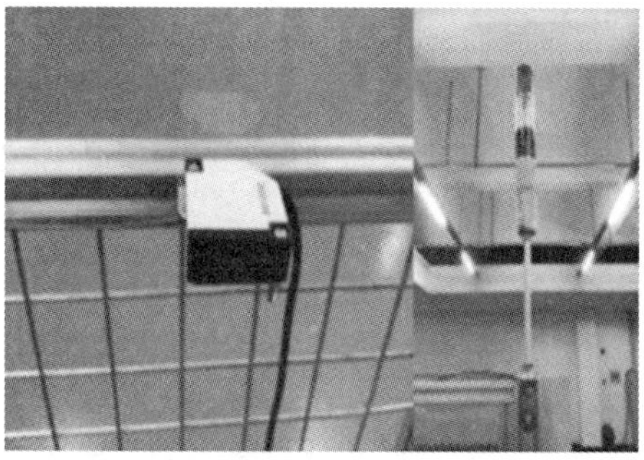	安全防护系统	

3．进行工业机器人打磨工作站打磨头调整作业前，必须先了解工业机器人打磨工作站的具体工作流程。查阅工业机器人打磨工作站使用说明书，画出该工作站的工作流程图。

小资料

抛光打磨工业机器人

工业机器人打磨工作站利用工业机器人的柔性制造技术、力矩补偿技术、视觉定位技术、浮动打磨技术等，来满足生产中多品种工件的多变打磨需求。工业机器人系统替代人工打磨毛刺，不仅省时省力，而且打磨效果好，效率极高，还避免了抛光打磨作业对操作人员的身体伤害以及空气污染和噪声对操作人员身心健康的影响。按照对工件处理方式的不同，抛光打磨工业机器人可分为工具型抛光打磨工业机器人（打磨头在工业机器人侧）和工件型抛光打磨工业机器人（工件在工业机器人侧）两种。无论是工具型抛光打磨工业机器人还是工件型抛光打磨工业机器人，其工作流程都可以大致分为如下几部分。

1. 前置预备工作

前置预备工作主要是定位、规划、编程。抛光打磨要依靠工件和打磨头的摩擦力，所以在开始抛光打磨前，两者接触的位置点、姿态都需要找好，并做好固定，这就是定位。定位之后就是对路径进行规划，特别是曲面路径，然后通过首件的调试反馈，最终形成一套批量化加工生产的程序语言。后续工业机器人运动就是执行这样一个动作过程。

2. 加工执行工作

加工执行工作主要是上电，移动打磨头（或工件）到指定位置，检查信号，根据反馈信息调用程序，然

后启动拖轮电动机和抛光打磨刀具进行加工。

3. 力控反馈工作

在抛光打磨加工过程中，压力传感器实时对工件和打磨头之间的压力进行监测，判断其是否在正常范围之内。若压力出现超出正常范围的情况，就执行力控补偿动作，以便及时进行动态调整，直至加工结束。

三、了解工作站产品换型调整内容

1．工业机器人打磨工作站去毛刺的工艺水平与刀具、切削速度、浮动压力、工业机器人轨迹等有关。试查阅相关资料，简述工业机器人打磨工作站更换打磨头后，还需进行哪些项目的调整，才能保证工业机器人打磨工作站正常运行，以满足工作要求。

2．简述在工业机器人打磨工作站更换打磨头的过程中必须注意的事项。

3．简述在工业机器人打磨工作站更换完打磨头后需进行的检查项目。

四、制订调整计划

根据工业机器人打磨工作站现场设备情况，小组讨论，制订工作站产品换型调整计划，并填写在表1–1–3中。

表1–1–3　工业机器人工作站产品换型调整计划

小组编号		任务名称		
序号	项目	工作内容	预计工时	负责成员
1				
2				
3				
4				
5				
6				

教师审核意见：

教师签名：________　制订计划人签名：________

年　月　日

五、收集资料与准备工具及材料

1．写出为完成工业机器人工作站产品换型调整所需的相关资料。

2．根据制订的工作站产品换型调整计划，填写表1–1–4所示工具和材料领用单，领取所需使用的工具及材料。

表1–1–4　工具和材料领用单

申请部门：		申领人：		申领日期：　年　月　日	
序号	名称	规格	申领数量	申领用途	备注

续表

序号	名称	规格	申领数量	申领用途	备注

3．选派代表上台展示本小组制订的工作站产品换型调整计划、工具和材料领用单，认真听取其他小组和教师对本小组工作站产品换型调整计划的点评和调整建议，并做好记录。

4．根据其他小组和教师的建议，小组内交流与讨论，修改工作站产品换型调整计划、工具和材料领用单，最后将确定下来的调整计划交由教师审核。

六、学习活动评价

根据表 1-1-5 进行学习活动评价。

表 1-1-5 学习活动评价表

<table>
<tr><td>班级</td><td></td><td>姓名</td><td></td><td>学号</td><td></td><td>日期</td><td>年　月　日</td></tr>
<tr><td>序号</td><td colspan="5">评价要点</td><td>配分 / 分</td><td>得分 / 分</td><td>总评</td></tr>
<tr><td>1</td><td colspan="5">能读懂工业机器人工作站产品换型调整任务单</td><td>10</td><td></td><td rowspan="8">□ A（100 ~ 90 分）
□ B（89 ~ 75 分）
□ C（74 ~ 60 分）
□ D（59 ~ 0 分）</td></tr>
<tr><td>2</td><td colspan="5">能说明工业机器人工作站产品换型调整任务要求和工期要求</td><td>10</td><td></td></tr>
<tr><td>3</td><td colspan="5">能叙述工业机器人打磨工作站的工作流程</td><td>15</td><td></td></tr>
<tr><td>4</td><td colspan="5">能说出工业机器人打磨工作站各部件的作用</td><td>15</td><td></td></tr>
<tr><td>5</td><td colspan="5">能制订符合要求的工作站产品换型调整计划</td><td>20</td><td></td></tr>
<tr><td>6</td><td colspan="5">能选用合适的工具和材料</td><td>10</td><td></td></tr>
<tr><td>7</td><td colspan="5">能上台展示工作站产品换型调整计划</td><td>10</td><td></td></tr>
<tr><td>8</td><td colspan="5">能积极参与讨论，注重团队合作</td><td>10</td><td></td></tr>
<tr><td>小结
建议</td><td colspan="8"></td></tr>
</table>

学习活动 2　产品换型调整

学习目标

1. 能以独立或小组合作方式，按照工作站调整计划和安全生产操作规范，在规定工期内完成工作站的工装设备、感应装置等的更换与调整。

2. 能遵守工业机器人相关行业企业标准、安全生产制度、环境保护制度和“6S”管理要求，在规定时间内完成调整项目自检并清理工作现场。

建议学时：24 学时

学习过程

一、调整气路

1．一个完整的气动系统由气源装置、执行元件、控制元件和辅助元件四部分组成。请查阅资料，了解气动系统各组成部分的功能及典型元件，并完成表 1-2-1 相关内容的填写。

表 1-2-1　　气动系统的组成

组成部分	功能	典型元件	图示
气源装置		空气压缩机、气动三联件等	
执行元件	利用压缩空气驱动不同的机械装置，实现不同的动作，可以实现往复直线运动、旋转运动及摆动等		

续表

组成部分	功能	典型元件	图示
控制元件		换向阀、压力控制阀、调速阀等	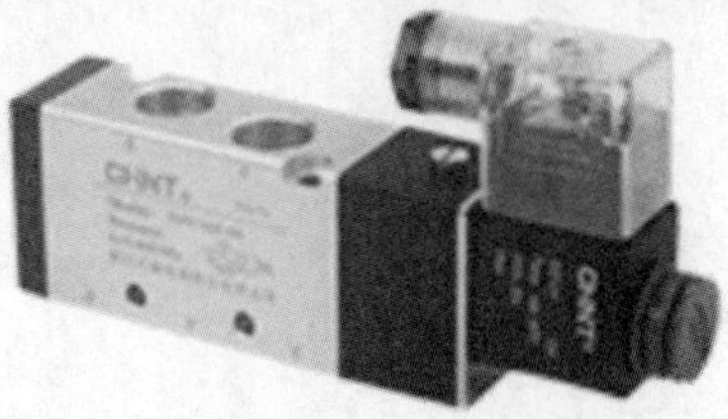
辅助元件	用于连接相关的元件或对系统进行消声、冷却、测量等，保证气动系统可靠、稳定的工作		

2．气路在连接时气管不宜过长或过短（气管与接头平行部分不超过 20 mm），气路走向必须横平竖直，无漏气现象。按照表 1–2–2 所示气路连接步骤，完成气路连接，并填写相关内容。

表 1–2–2　　气路连接步骤

序号	连接步骤	图示
1	将六轴工业机器人快换头上的气管按要求连接到工业机器人第______个关节的电磁阀组上	 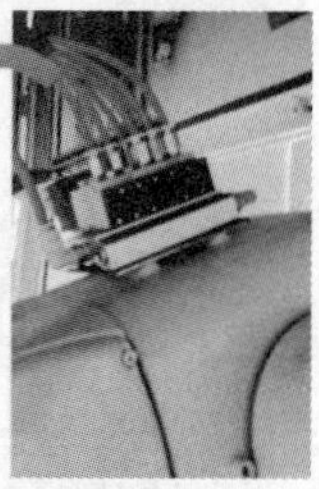
2	给六轴工业机器人底座连接______气管	
3	根据气路连接图完成各个组件电磁阀的进气气管连接	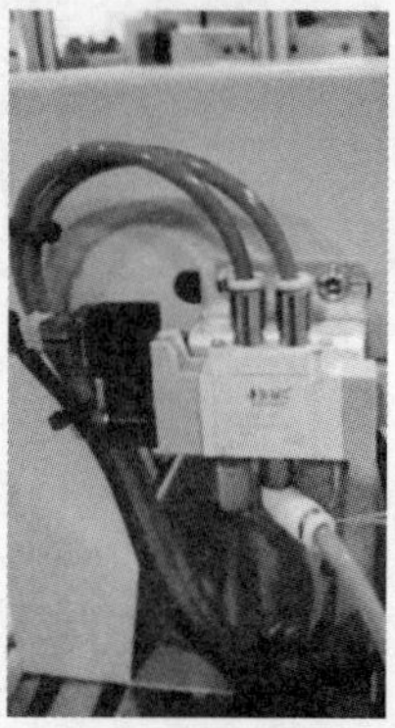

3．完成气路连接后，还需对各气路的节流阀进行调节，如图 1–2–1 所示。若需将气路气压调高，则应顺时针还是逆时针调节节流阀？

图 1–2–1　调节节流阀

二、更换打磨头夹具

1．工业机器人的工具快换装置（见图 1–2–2）使单个工业机器人能够在制造和装备过程中使用不同的末端执行器，以增加柔性，被广泛应用于自动点焊、弧焊、材料抓举、冲压、检测、卷边、装配、材料去除、毛刺清理、包装等操作中。请查阅相关资料，简述工具快换装置的优点。

图 1–2–2　工具快换装置

2．通过网络或查阅相关资料，归纳选择工具快换装置需要注意的事项。

3．试按照图 1–2–3 所示气路连接图，根据气路编号，完成工业机器人本体电磁阀和工具快换装置之间的气路连接，并说明操作中应遵守的安全操作规范。

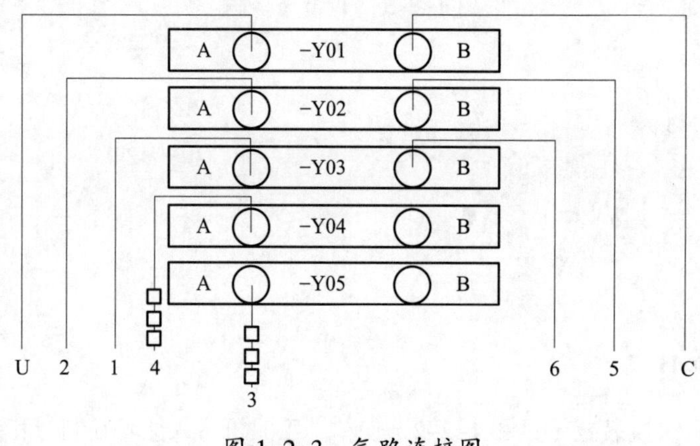

图 1–2–3　气路连接图

4．如图 1–2–4 所示为工业机器人打磨工作站的工具快换装置——打磨头夹具。其机器人侧安装在机器人前端手臂上，工具侧安装在执行工具上。工具快换装置能快速实现机器人与执行工具之间的电、气和液相通。请查阅相关资料，写出打磨头夹具的更换步骤。

图 1-2-4　打磨头夹具

三、调整感应装置位置

1．查阅工业机器人打磨工作站使用说明书，列举工业机器人打磨工作站中主要使用的传感器类型，并说明各类传感器在工作站中发挥的作用。

2．现场观察工业机器人打磨工作站的各信号传感器，说明三线式接线传感器中三种颜色分别代表的含义。

3．查阅工业机器人打磨工作站的使用说明书，说明 NPN 型传感器和 PNP 型传感器的接线有何区别，并画出两种传感器的接线示意图。

4．查阅相关资料，并观察工作台上有无发动机到位检测的光电传感器。若有，应安装在什么位置。若发动机尺寸发生变化，传感器位置是否需要调整？应如何调整？本任务中发动机尺寸变大，则传感器需向内侧还是外侧进行调整？

四、通电前自检

1．完成调整工作后，进行工业机器人工作站通电前自检，补全表 1–2–3 所示工业机器人工作站自检内容和自检要点。

表 1–2–3　工业机器人工作站自检内容和自检要点

序号	自检内容	自检要点
1	系统紧固性	螺钉及螺母紧固情况良好
2	工作站线缆检查	线缆________摆放，________无松脱情况
3	________系统检查	气路通畅，气动控制符合工作逻辑

2．现场观察打磨头夹具有无歪斜、松动现象。若出现上述现象，应如何处理？

五、清理现场

1．完成工作站产品换型调整并自检合格后清理工作站。参照图 1–2–5 所示机器人系统集成现场管理评分标准，以最高标准要求清理工作现场，归还工具。试写出清理现场时的具体要求。

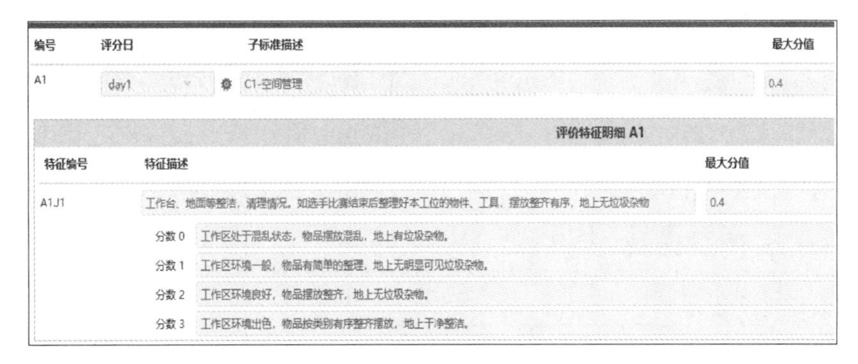

编号	评分日	子标准描述	最大分值
A1	day1	C1-空间管理	0.4

评价特征明细 A1

特征编号	特征描述	最大分值
A1J1	工作台、地面等整洁，清理情况。如选手比赛结束后整理好本工位的物件、工具，摆放整齐有序，地上无垃圾杂物	0.4
	分数 0　工作区处于混乱状态，物品摆放混乱，地上有垃圾杂物。	
	分数 1　工作区环境一般，物品有简单的整理，地上无明显可见垃圾杂物。	
	分数 2　工作区环境良好，物品摆放整齐，地上无垃圾杂物。	
	分数 3　工作区环境出色，物品按类别有序整齐摆放，地上干净整洁。	

图 1–2–5　机器人系统集成现场管理评分标准

2．简述完成本任务过程中要特别注意的环境保护事项和“6S”管理要求，并指出图 1–2–6 所示调整现场有哪些值得改进的地方。

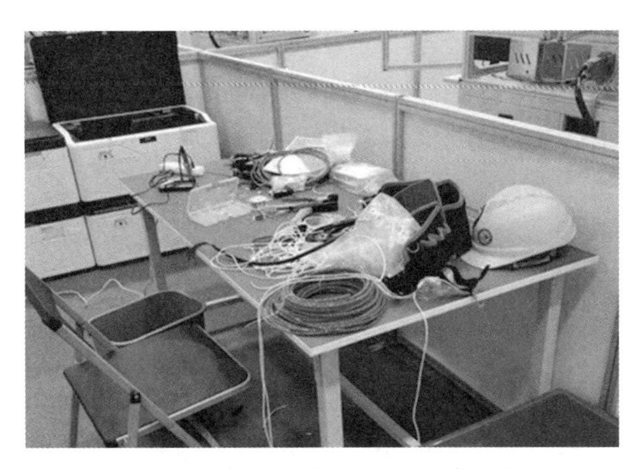

图 1–2–6　调整现场工具与材料摆放图

六、学习活动评价

根据表 1–2–4 进行学习活动评价。

表 1–2–4　　学习活动评价

班级		姓名		学号		日期	年　月　日
序号	评价要点			配分 / 分		得分 / 分	总评
1	能说出气动系统的组成			10			□ A（100 ~ 90 分） □ B（89 ~ 75 分） □ C（74 ~ 60 分） □ D（59 ~ 0 分）
2	能完成工业机器人的气路连接			10			
3	能根据需要调节气路中的节流阀			10			
4	能完成电磁阀与打磨头夹具之间的气路连接			10			
5	能说出打磨头夹具的更换步骤			10			
6	能说出工作站中各传感器的类型			10			
7	能叙述各传感器的工作原理，完成各传感器的位置调整			10			
8	能进行工业机器人打磨工作站的通电前自检			10			
9	能按“6S”管理规定清理现场			10			
10	能积极参与讨论，注重团队合作			10			
小结建议							

学习活动 3　产品换型调整的检查

学习目标

1. 能按照调整计划和安全生产操作规范，上电检测工业机器人的夹具、传感器、上下料仓定位装置等的信号。

2. 能根据产品的生产工艺要求，调整工业机器人程序，并进行上电测试。

3. 能准确记录工作站调整内容并存档，正确规范地填写变更记录单。

建议学时：6 学时

学习过程

一、工业机器人上电检测

工业机器人打磨工作站调整完成后要进行短路、断路检测，确认无误后才可以通电测试。上电顺序按照由上至下的原则，在上级确认无误后才允许下级上电。试根据表 1-3-1 中的提示，完成工业机器人打磨工作站的上电操作，并将表 1-3-1 补充完整。

表 1-3-1　　工业机器人打磨工作站的上电步骤及作用

序号	上电步骤	图示	作用
1	打开挂板上的总电源开关		

续表

序号	上电步骤	图示	作用
2	按下面板的________		
3	打开工业机器人控制柜的________开关	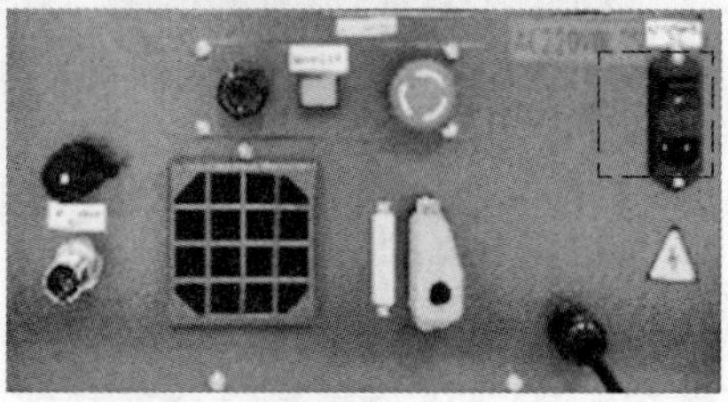	
4	打开空气压缩机开关，闭合气动________联件		

二、标定工业机器人工具坐标系

1．当工业机器人安装新夹具后，必须重新标定工具坐标系，否则会影响工业机器人的稳定运行。通过操作工业机器人标定工具坐标系的方法有三种：TCP（默认方向），TCP 和 Z，TCP 和 X、Z。查阅相关资料，在表 1-3-2 中填写这三种标定方法的区别。

表 1-3-2　　工具坐标系的三种标定方法的区别

工具坐标系的标定方法	区别
TCP（默认方向）	方向与________末端一致
TCP 和 Z	工具的________方向需要标定确定
TCP 和 X、Z	工具的________方向需要标定确定

2．本任务中工业机器人的工具坐标系宜采用哪种标定方法？若工具坐标系采用 TCP（默认方向）标定方法，试查阅资料，补齐表 1-3-3 中缺失的标定步骤相关内容，并完成工具坐标系的标定。若工具坐标系选择的不是 TCP（默认方向）标定方法，则小组讨论应如何标定工具坐标系，并根据讨论结果完成工具坐标系的标定。

表 1-3-3　　工具坐标系的标定步骤

序号	标定步骤	图示	说明
1	在桌面上单击________的图标，进入工具坐标系设置界面	 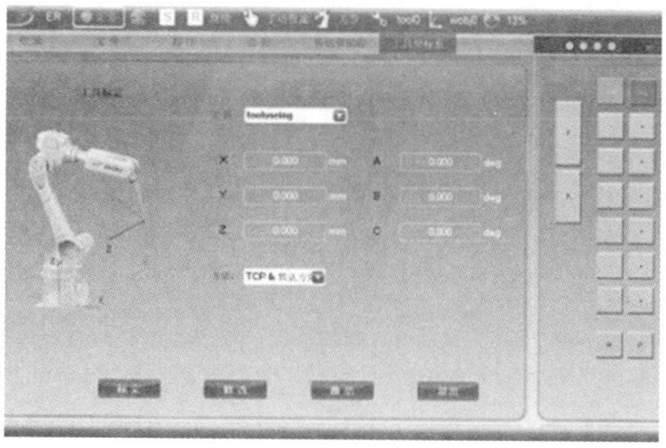	工具坐标系的定义：以工具中心点（TCP）为原点建立的坐标系
2	在工具坐标系设置界面单击________按钮，进入________界面，显示需要标定的第一个点	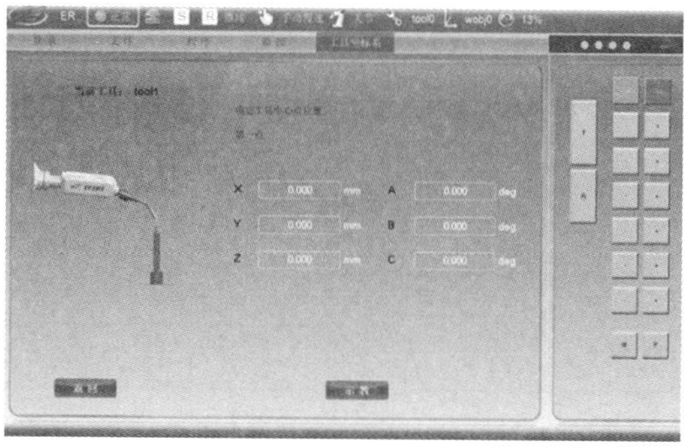	移动工业机器人，将工具末端对准参考尖点，单击________按钮，将当前工业机器人位置记录下来。示教完成后，单击右箭头图标标定下一个点 注意：标定点是工业机器人以不同的姿态去对准同一个尖点。若标定完成，需要结束标定过程，则单击________按钮，返回设置界面
3	标定第二个点、第三个点、第四个点	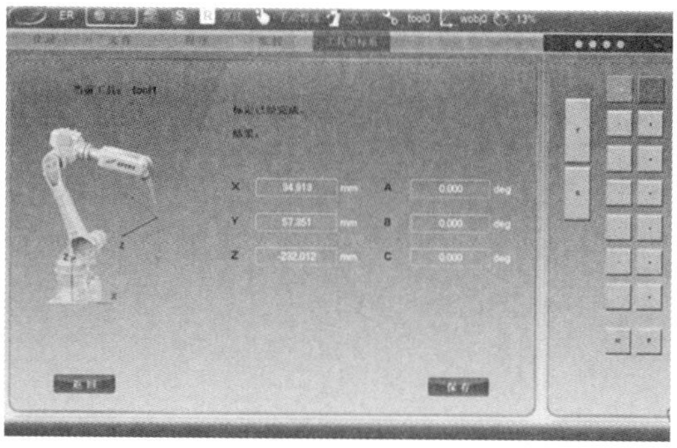	改变工业机器人姿态，移动工业机器人，以不同方向将工具末端对准参考尖点。单击________按钮，将当前机器人位置记录下来。示教完当前位置后，单击________图标标定下一个点，单击________图标可查看上一个点

续表

序号	标定步骤	图示	说明
3	标定第二个点、第三个点、第四个点	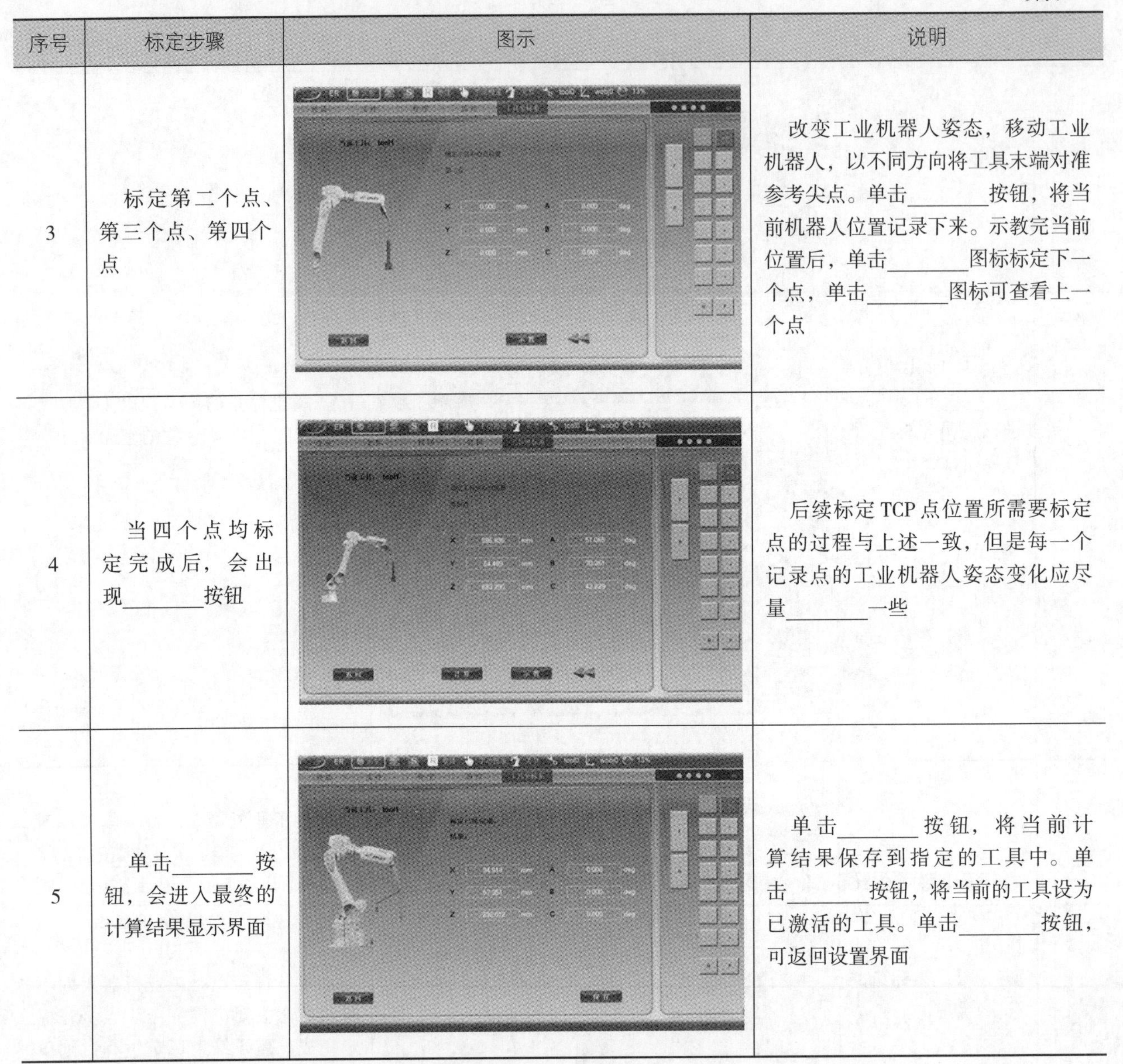	改变工业机器人姿态，移动工业机器人，以不同方向将工具末端对准参考尖点。单击________按钮，将当前机器人位置记录下来。示教完当前位置后，单击________图标标定下一个点，单击________图标可查看上一个点
4	当四个点均标定完成后，会出现________按钮		后续标定TCP点位置所需要标定点的过程与上述一致，但是每一个记录点的工业机器人姿态变化应尽量________一些
5	单击________按钮，会进入最终的计算结果显示界面		单击________按钮，将当前计算结果保存到指定的工具中。单击________按钮，将当前的工具设为已激活的工具。单击________按钮，可返回设置界面

3．重新设定工业机器人工具坐标系后，应如何验证?

4. 若标定的工具坐标系无法满足要求，应如何处理?

三、检测工业机器人打磨工作站的感应装置信号

1. 在工业机器人打磨工作站中，进行产品换型调整后需要检测的感应装置信号有哪些?

2. 打开工业机器人打磨工作站中工业机器人的示教器，进入工业机器人 I/O 检测信号界面，按照表 1-3-4 所示的步骤进行感应装置信号的检测，并完成相关内容的填写。

表 1-3-4　　工业机器人打磨工作站感应装置信号的检测

序号	操作步骤	图示	说明
1	打开监控界面	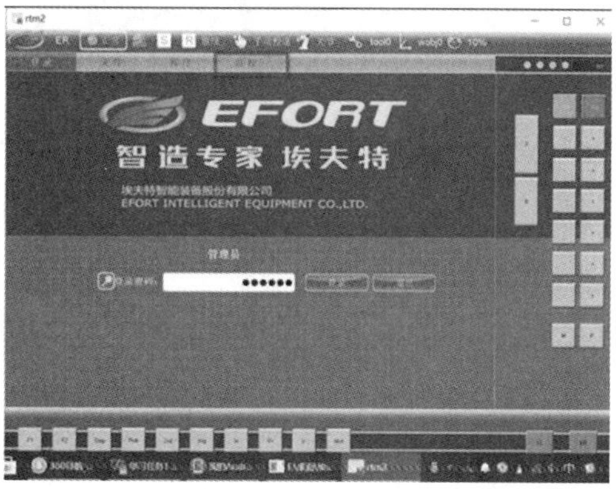 	选择________功能

续表

序号	操作步骤	图示	说明
2	查看________信号	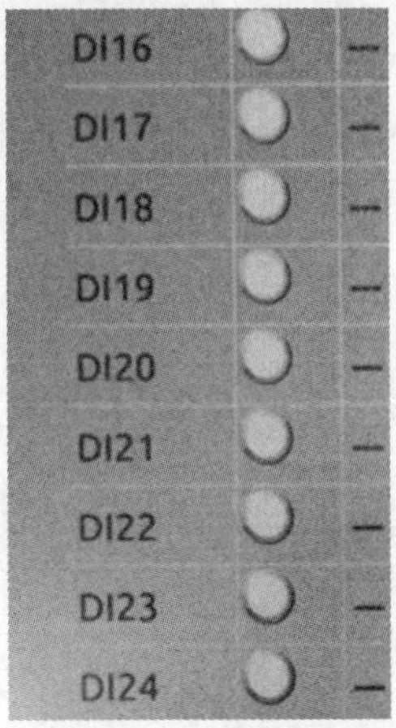	DI 为数字量输入
3	查看________信号	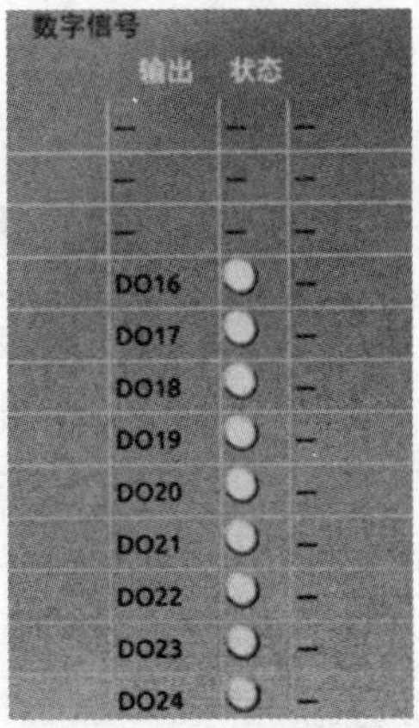	DO 为数字量输出

3．手动检测工业机器人打磨工作站的感应装置信号是否正常，查看 PLC 指示灯状态，填写表 1–3–5 所示工业机器人打磨工作站感应装置信号自检表。

表 1–3–5　　工业机器人打磨工作站感应装置信号自检表

自检内容	检测情况	备注
夹具信号	□正常　□不正常	
传感器信号	□正常　□不正常	
打磨头电磁阀信号	□正常　□不正常	
喷液电磁阀信号	□正常　□不正常	
砂纸夹钳电磁阀信号	□正常　□不正常	
料台夹紧电磁阀信号	□正常　□不正常	

四、调整工业机器人程序

1．打磨头夹具更换后，除了标定工具坐标系外，还需进行工业机器人程序示教点位的修改。请小组讨论，若不更改示教点位将产生什么后果。

2．手动调整工业机器人打磨工作站中工业机器人的姿态，并运行到本任务各示教点，完成位置记录并保存。

五、试运行及填写变更记录单

试运行工业机器人打磨工作站，观察工业机器人打磨工作站运行情况是否正常，并按要求在表 1–3–6 所示工业机器人打磨工作站变更记录单中填写有关内容。

表 1–3–6　　工业机器人打磨工作站变更记录单

<table>
<tr><td>变更内容</td><td colspan="5"></td></tr>
<tr><td>变更种类</td><td colspan="5">□工艺、技术变更　□机械设备设施、材料等变更　□管理变更　□其他变更</td></tr>
<tr><td>变更部门</td><td></td><td>记录人</td><td></td><td>日期</td><td></td></tr>
<tr><td rowspan="2">变更记录</td><td colspan="5">变更原因：</td></tr>
<tr><td colspan="5">变更内容：</td></tr>
</table>

续表

变更记录	变更人： 年　月　日
开机试运行情况记录	第一次： 第二次： 第三次：
变更验收	组织验收部门： 验收主要内容：□打磨头工具坐标系标定　□传感器信号检测　□程序试运行 验收意见：□合格　□不合格 验收建议：□可工作　□需再次调整 验收结论：

六、学习活动评价

根据表 1–3–7 进行学习活动评价。

表 1–3–7　学习活动评价

班级		姓名		学号		日期	年　月　日
序号	评价要点			配分 / 分		得分 / 分	总评
1	能进行工业机器人上电前短路和断路检测			20			□A（100 ~ 90 分） □B（89 ~ 75 分） □C（74 ~ 60 分） □D（59 ~ 0 分）
2	能完成工业机器人上电操作			10			
3	能说出工具坐标系的三种标定方法			10			
4	能独立完成工具坐标系的标定			10			
5	能进行感应装置信号的检测			10			
6	能完成工业机器人程序点位的调整			20			
7	能完成变更记录单的填写			10			
8	能掌握工作进度，高效完成工作			10			
小结建议							

学习活动 4　工作总结与评价

学习目标

1. 能按分组情况，分别派代表展示工作成果，说明本次任务的完成情况，并进行分析、总结。

2. 能结合自身任务完成情况，正确规范地撰写工作总结（心得体会）。

3. 能就本次任务中出现的问题提出改进措施。

4. 能对学习与工作进行反思、总结，并能与他人开展良好合作，进行有效沟通。

建议学时：4 学时

学习过程

一、个人评价

按表 1-4-1 所列评分标准进行个人评价。

表 1-4-1　　个人综合评价表

项目	序号	技术要求	配分 / 分	评分标准	得分 / 分
工具的选用（10%）	1	调整工具的领取	5	不正确、不合理不得分	
	2	调整工具的使用	5	不正确、不合理不得分	
材料的选用（10%）	3	调整材料的领取	5	不正确、不合理不得分	
	4	调整材料的使用	5	不正确、不合理不得分	
调整操作（65%）	5	气路的调整	10	不合格每处扣 1 分	
	6	夹具的更换	10	不合格每处扣 1 分	
	7	感应装置位置的调整	10	不合格每处扣 1 分	
	8	工业机器人上电	5	不合格每处扣 1 分	

续表

项目	序号	技术要求	配分 / 分	评分标准	得分 / 分
调整操作（65%）	9	工具坐标系标定	10	不正确不得分	
	10	感应装置信号检测	10	缺少 1 处扣 1 分	
	11	工业机器人程序调整	10	点位每错 1 个扣 1 分	
安全文明生产（15%）	12	安全操作	5	不按安全操作规程操作不得分	
	13	工位清理	5	未执行“6S”管理规范不得分	
	14	记录填写	5	填写不规范不得分	
总得分					

二、小组评价

以小组为单位，选择演示文稿、展板、海报、视频等形式中的一种或几种，向全班展示、汇报调整成果。在展示的过程中，以小组为单位进行评价；评价完成后，根据其他小组成员对本组展示成果的评价意见进行归纳总结。

三、教师评价

认真听取教师对本小组展示成果优缺点以及在完成任务过程中出现的亮点和不足的评价意见，并做好记录。

1．教师对本小组展示成果优点的点评。

2．教师对本小组展示成果缺点及改进方法的点评。

3．教师对本小组在整个任务完成过程中出现的亮点和不足的点评。

四、总结提升

结合自身任务完成情况，通过交流讨论等方式，较全面规范地撰写本次任务的工作总结。

评价与分析

按照“客观、公正和公平”原则，在教师的指导下按自我评价（自评）、小组评价（互评）和教师评价（师评）三种方式对自己或他人在本学习任务中的表现进行综合评价。综合等级按 A（100 ~ 90 分）、B（89 ~ 75 分）、C（74 ~ 60 分）、D（59 ~ 0 分）四个级别进行填写，见表 1–4–2。

表 1–4–2　　学习任务综合评价表

<table>
<tr><th rowspan="2">考核项目</th><th rowspan="2" colspan="2">评价内容</th><th rowspan="2">配分 / 分</th><th colspan="3">评价分数</th></tr>
<tr><th>自评</th><th>互评</th><th>师评</th></tr>
<tr><td rowspan="6">职业素养</td><td colspan="2">安全防护用品穿戴整洁，仪容仪表符合工作要求</td><td>5</td><td></td><td></td><td></td></tr>
<tr><td colspan="2">安全意识、责任意识强</td><td>6</td><td></td><td></td><td></td></tr>
<tr><td colspan="2">积极参加教学活动，按时完成各种学习任务</td><td>6</td><td></td><td></td><td></td></tr>
<tr><td colspan="2">团队合作意识强，善于与人交流和沟通</td><td>6</td><td></td><td></td><td></td></tr>
<tr><td colspan="2">自觉遵守劳动纪律，尊敬师长，团结同学</td><td>6</td><td></td><td></td><td></td></tr>
<tr><td colspan="2">爱护公物，节约材料，管理现场符合“6S”标准</td><td>6</td><td></td><td></td><td></td></tr>
<tr><td rowspan="3">专业能力</td><td colspan="2">专业知识查找及时、准确，有较强的自学能力</td><td>10</td><td></td><td></td><td></td></tr>
<tr><td colspan="2">操作积极、训练刻苦，具有一定的动手能力</td><td>15</td><td></td><td></td><td></td></tr>
<tr><td colspan="2">技能操作规范，注重调整工艺，工作效率高</td><td>10</td><td></td><td></td><td></td></tr>
<tr><td rowspan="2">工作成果</td><td colspan="2">产品换型调整符合工艺规范，功能满足要求</td><td>20</td><td></td><td></td><td></td></tr>
<tr><td colspan="2">工作总结符合要求，展示成果制作质量高</td><td>10</td><td></td><td></td><td></td></tr>
<tr><td colspan="3">总　分</td><td>100</td><td></td><td></td><td></td></tr>
<tr><td colspan="2" rowspan="2">总评</td><td rowspan="2">自评 × 20% + 互评 × 20% + 师评 × 60% =</td><td>综合等级</td><td colspan="3" rowspan="2">教师（签名）:</td></tr>
<tr><td></td></tr>
</table>

世赛知识

世界技能组织

世界技能组织不仅限于通过举办世界技能大赛来展示卓越技能，而且要成为推进世界技能发展的动力。世界技能组织通过世界技能大赛彰显卓越，展示世界技能标准的重要性。

作为不断提升世界技能标准的开拓者，世界技能组织帮助其成员提高技能标准，提升技能水平，并为全球青少年提供更多的机遇，这也是世界技能组织开展国际合作的方向。

1．世界技能组织的使命

通过提升技能人才的形象和提高公众对技能人才的认知，展现技能对促进经济发展和实现个人成功的重要性。

世界技能大赛致力于改变人们对技能的认识，增加人们通过技能走向成功的机会，提高组织的绩效和成果，帮助提升各国家和地区的经济竞争力。世界技能组织及其成员通过项目合作、与其他国际组织合作，共同支持各国家和地区职业教育、技工教育和职业培训的发展。

2．世界技能组织 2025 年战略目标

世界技能组织 2025 年的宏观战略目标有以下 3 点：

一是提升青少年、雇主及社会对职业教育、技工教育和职业培训的认知，创造通过职业教育、技工教育和职业培训走向成功的机会。

二是通过与就业市场、雇主和经济市场更加紧密的联系，提高职业教育、技工教育和职业培训的质量。

三是通过技能提升世界技能组织自身实力及其成员的全球竞争力。

3．世界技能组织的价值观

世界技能组织及其成员共享以下 7 个价值观：卓越、公平、多元、创新、正直、透明与合作。

世界技能组织的愿景、使命和定位，及其 2025 战略目标将通过六大战略聚焦领域的活动和项目得以实现，并将发展到其最高标准。世界技能组织及其成员将在六大战略聚焦领域中担任重要角色。

学习任务 2　工业机器人工作站生产节拍调整

学习目标

1. 能读懂工业机器人工作站生产节拍调整任务单，与主管和客户沟通，明确工作站生产节拍调整任务要求和工期要求。

2. 能细致准确地观察、记录和分析工作站现场设备运行情况，查阅工业机器人工作站使用说明书，结合工作站现场设备运行情况，制订工作站生产节拍调整计划。

3. 能以独立或小组合作方式，按照工作站调整计划和安全生产操作规范，在规定工期内完成工业机器人手爪夹具等气动元件的润滑与压力调节、气动元件定位装置调整、PLC 程序调整、附加轴的增加，并进行自检。

4. 能按照调整计划和安全生产操作规范，上电检测冲床夹具、工业机器人手爪夹具、气动元件定位装置等的信号。

5. 能根据生产工艺要求，运行工业机器人程序，并进行上电测试。

6. 能准确记录工作站调整内容并存档，正确规范地填写变更记录单。

7. 能及时对工作中的新方法、新举措进行总结分享，对发现的问题和安全事项等分析原因，总结不足，提出有效的改进措施。

建议学时

40 学时

工作情境描述

某集装箱生产企业现有一个工业机器人冲压上下料工作站，该工作站主要生产集装箱立柱等零件，由工业机器人将板材搬运到冲床进行冲压成型。每班产能为 500 个，单件生产工时为 40 s。现因企业订单增加，每班产能需提高到 600 个，要求单件生产工时为 30 s，需要设备供应商在不改变原生产线设备与结构的情况下对工作站生产节拍进行相应的调整。技术部主管要求技术员在 1 周内根据工作站生产节拍调整方案和客户要求完成调整任务。

工作流程与活动

1．明确任务，制订计划（6 学时）

2．生产节拍调整（24 学时）

3．生产节拍调整的检查（6 学时）

4．工作总结与评价（4 学时）

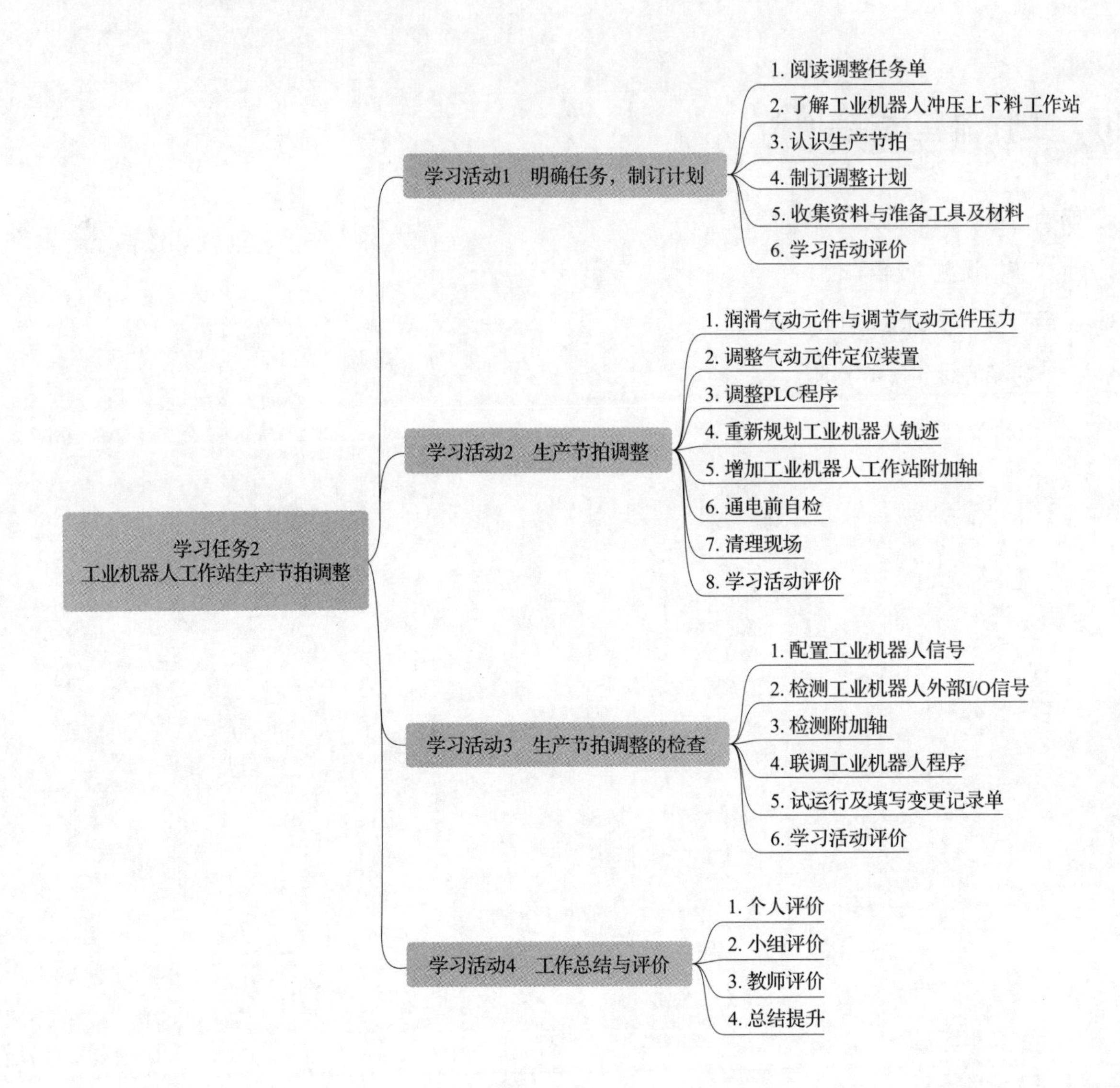
学习任务2
工业机器人工作站生产节拍调整
学习活动1　明确任务，制订计划
1. 阅读调整任务单
2. 了解工业机器人冲压上下料工作站
3. 认识生产节拍
4. 制订调整计划
5. 收集资料与准备工具及材料
6. 学习活动评价
学习活动2　生产节拍调整
1. 润滑气动元件与调节气动元件压力
2. 调整气动元件定位装置
3. 调整PLC程序
4. 重新规划工业机器人轨迹
5. 增加工业机器人工作站附加轴
6. 通电前自检
7. 清理现场
8. 学习活动评价
学习活动3　生产节拍调整的检查
1. 配置工业机器人信号
2. 检测工业机器人外部I/O信号
3. 检测附加轴
4. 联调工业机器人程序
5. 试运行及填写变更记录单
6. 学习活动评价
学习活动4　工作总结与评价
1. 个人评价
2. 小组评价
3. 教师评价
4. 总结提升

学习活动 1　明确任务，制订计划

学习目标

1. 能读懂工业机器人工作站生产节拍调整任务单，与主管和客户沟通，明确工作站生产节拍调整任务要求和工期要求。

2. 能细致准确地观察、记录和分析工作站现场设备运行情况，查阅工业机器人工作站使用说明书，结合工作站现场设备运行情况，制订工作站生产节拍调整计划。

3. 能领用合适的调整工具和材料，制订小组分工及工期计划。

建议学时：6 学时

学习过程

一、阅读调整任务单

阅读本学习任务的工作情境描述，并查阅相关资料，结合本学习任务的实际情况，填写表 2-1-1 所示的工业机器人工作站生产节拍调整任务单，并回答如下相关问题。

表 2-1-1　工业机器人工作站生产节拍调整任务单

任务名称		接单日期	
工作地点		工期	
工作内容	现每班工人的日生产能力为 500 个工件，每个工件的生产时长为 40 s。现因工厂订单增加，每班工人的日生产能力需提高为 600 个工件，要求每个工件的生产时长缩短到 30 s，因此，需要设备供应商在不改变原生产线设备与结构的情况下，对工业机器人工作站的生产节拍进行相应的调整		
相关资料	工业机器人冲压上下料工作站使用说明书、工业机器人操作说明书、工作站运行情况记录表、安全生产操作规范等		

续表

调整要求	使生产线达到最大平衡率，保证工作站和冲床正常工作				
客户姓名		联系电话		验收日期	
团队负责人姓名		联系电话		团队名称	
备注					

1．工业机器人工作站生产节拍调整的具体内容是什么？

2．本调整任务的计划工期为多长时间？

3．查阅相关资料，简述本调整任务需要遵循的相关技术标准。

二、了解工业机器人冲压上下料工作站

1．目前工业机器人冲压上下料工作站已经能满足快速大批量加工节拍、节省人力成本、提高生产效率等要求，成为越来越多工厂的理想选择。请查阅相关资料，小组讨论，在工业机器人冲压上下料工作站中，机器人替代人工主要完成了哪些工作。

2．观看工业机器人冲压上下料工作站的工作视频，简述工业机器人冲压上下料工作站的工作流程，并画出其工作流程图。

三、认识生产节拍

1．查阅相关资料，写出生产节拍的定义和计算公式。

2．生产周期是生产效率的指标，比较稳定，是由一定时期的设备加工能力、劳动力配置情况、工艺方法等因素决定的，只能通过管理和技术改进缩短。生产节拍与生产周期有什么区别？

3．查阅相关资料，进行小组讨论，分析生产节拍对生产的作用。

小资料

冲压上下料工业机器人

冲压加工是借助于常规或专用冲压设备的动力，使板料在模具里直接受到变形力变形，从而获得一定形状、尺寸和性能的产品零件的生产技术。生产中为满足冲压零件形状、尺寸、精度、批量、原材料性能等方面的要求，采用多种多样的冲压加工方法。

因此，冲压加工的节拍快、加工尺寸范围较大、冲压件的形状较复杂，所以操作人员的劳动强度大，容易发生工伤事故。

冲压上下料工业机器人能代替人做某些单调、频繁和重复的长时间作业，或是危险、恶劣环境下的作业，例如在搬运、码垛、拆垛、冲压上下料等场景上，以及在包装、食品、饮料、化工等领域中，完成对人体有害物料的搬运或工艺操作等，完美完成上下料工艺。

工业机器人冲压上下料工作站的组成包括工业机器人、机器人行走导轨、真空吸盘、工件输送装置、供料仓、系统总控制柜、安全围栏、人员进出安全门开关等。

冲压上下料工业机器人具有如下特点：拥有灵活的安装方式；采用伺服电动机搭配高精密减速机，响应速度快，精度高；每天可24 h连续生产，生产效率高；能显著改善操作人员的工作条件。

四、制订调整计划

根据工业机器人冲压上下料工作站现场设备情况，进行小组讨论，在表2–1–2中填写工作站生产节拍调整计划。

表 2-1-2　　工作站生产节拍调整计划

小组编号		任务名称		
序号	项目	工作内容	预计工时	负责成员
1				
2				
3				
4				
5				
6				

教师审核意见：

教师签名：________　　制订计划人签名：________

年　　月　　日

五、收集资料与准备工具及材料

1．写出为完成工业机器人工作站生产节拍调整所需的相关资料。

2．根据制订的工作站生产节拍调整计划，填写表 2-1-3 所示工具和材料领用单，领取所需使用的工具及材料。

表 2-1-3　　工具和材料领用单

申请部门：		申领人：		申领日期：　年　月　日	
序号	名称	规格	申领数量	申领用途	备注

续表

序号	名称	规格	申领数量	申领用途	备注

3．选派代表上台展示本小组制订的工作站生产节拍调整计划、工具和材料领用单，认真听取其他小组和教师对本小组工作站生产节拍调整计划的点评和调整建议，并做好记录。

4．根据其他小组和教师的建议，小组内交流与讨论，修改工作站生产节拍调整计划、工具和材料领用单，最后将确定下来的调整计划交由教师审核。

六、学习活动评价

根据表 2-1-4 进行学习活动评价。

表 2-1-4　学习活动评价表

班级		姓名		学号		日期	年　月　日
序号	评价要点			配分 / 分		得分 / 分	总评
1	能读懂工业机器人工作站生产节拍调整任务单			10			□ A（100 ~ 90 分） □ B（89 ~ 75 分） □ C（74 ~ 60 分） □ D（59 ~ 0 分）
2	能说明工业机器人工作站生产节拍调整任务要求和工期要求			10			
3	能叙述工业机器人冲压上下料工作站的工作流程			15			
4	能说出工业机器人冲压上下料工作站的组成			15			
5	能制订符合要求的工作站生产节拍调整计划			20			
6	能选用合适的工具和材料			10			
7	能上台展示工作站生产节拍调整计划			10			
8	能积极参与讨论，注重团队合作			10			
小结建议							

学习活动2　生产节拍调整

学习目标

1. 能以独立或小组合作方式，按照工作站调整计划和安全生产操作规范，在规定工期内完成工业机器人手爪夹具等气动元件的润滑与压力调节、气动元件定位装置调整、PLC程序调整、附加轴的增加。

2. 能遵守工业机器人相关行业企业标准、安全生产制度、环境保护制度和“6S”管理要求，在规定时间内完成调整项目自检并清理工作现场。

建议学时：24学时

学习过程

一、润滑气动元件与调节气动元件压力

在气动系统中，气动发生装置一般为空气压缩机，它将原动机供给的机械能转化为气体的压力能，气动执行元件则将压力能转化为机械能，完成规定动作；在这两部分之间，是根据机械或设备工作循环运动的需求，按一定顺序连接的各种控制元件（压力控制阀、流量控制阀、方向控制阀和逻辑元件）、传感元件和气动辅件等。为适应柔性化的生产要求，在调整工业机器人工作站生产节拍之前需完成气动元件的润滑与压力调节，才能保证整个设备的稳定运行，适应生产节拍。

1．写出气动元件的润滑方法。

2．写出气动元件的压力调节方法。

二、调整气动元件定位装置

1．写出调整工业机器人气动元件定位装置的方法。

2．写出调整工业机器人气动元件定位装置的注意事项。

三、调整PLC程序

1．如图2-2-1所示为工业机器人冲压上下料工作站PLC程序框架。试简述该PLC程序框架由哪几个子程序组成。

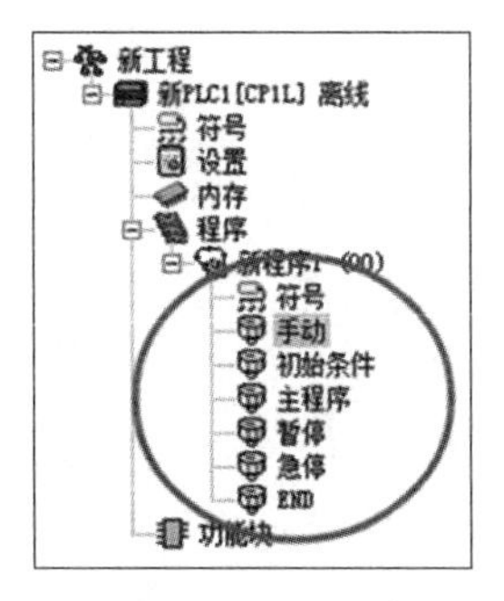

图2-2-1　PLC程序框架

2．查阅相关子程序指令，列出各个子程序在整个工作过程中的作用。

3．根据任务要求，计算在PLC程序段中将等待时间改为多少更为合适，并调整工业机器人程序中冲床上下料工序之间的等待时间，适当减少响应时间。

4．为进一步提高工业机器人与冲床之间的工作节拍，可以更改工业机器人示教器冲压软件包中的相关参数，如图 2-2-2 所示，以减小冲压间隔，缩短冲压工序时间。请进行冲压脉冲、最大冲压间隔和最小冲压间隔的设置并记录下来。

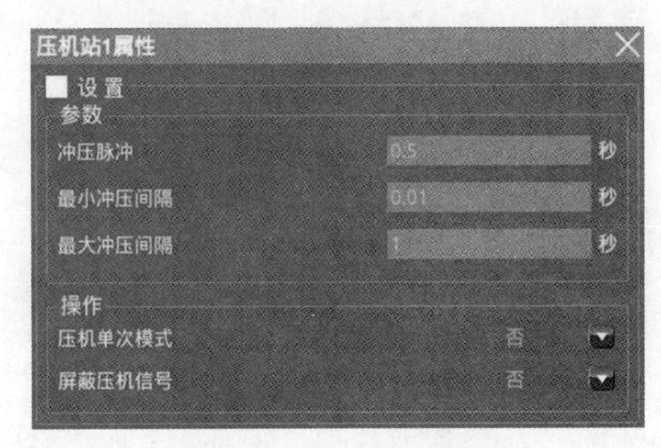

图 2-2-2　压机站属性设置

5．现场观察并记录工业机器人工作站的冲床进行一次冲压所需的时间，与生产节拍未调整前相比，节省了多长时间?

四、重新规划工业机器人轨迹

如图 2-2-3 所示为工业机器人上下料轨迹示意图，工业机器人上下料中心点的位置分别为 P_{30}、P_{40}。令工业机器人所处原点位置为 O，设此时吸盘底面所在平面与法兰盘中心线的相交位置为 P_{10}，工业机器人处于抓取板料待命状态。令工业机器人自 O 点运行到上料平台中心上方 P_{20} 点，而后下降至上料平台中心点 P_{30}，吸取板料，继而回升至 P_{20} 点，此为取料过程。令工业机器人自 O 点从 P_{20} 点平移至下料平台中心上方 P_{50} 点，为实现上下料过程中工业机器人的快速平稳运行，工业机器人从上料平台到下料平台之间的运动轨迹规划为直线，此为搬运过程。令工业机器人自 O 点从 P_{50} 点下降并与下料中心点 P_{40} 重合，释放板料，继而回归 P_{50} 点，此为放料过程。

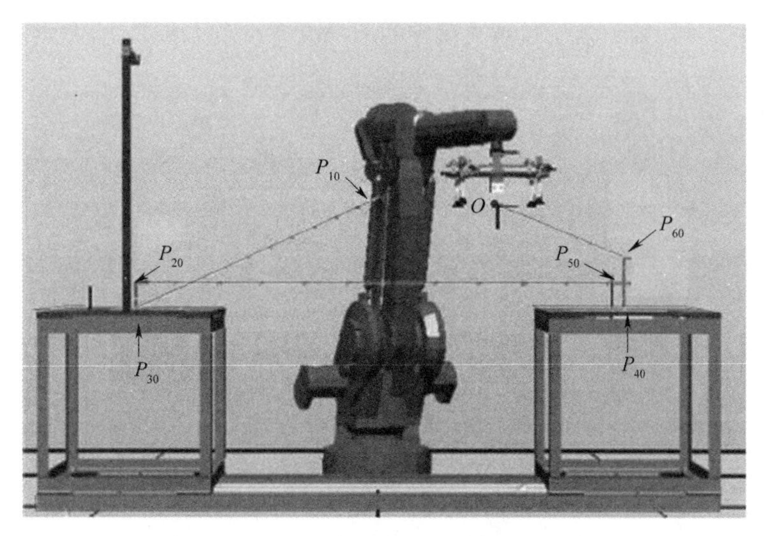

图 2–2–3　工业机器人上下料轨迹示意图

1．根据工业机器人上下料轨迹规划，查阅相关资料，将图 2–2–4 所示工业机器人上下料工作流程补充完整。

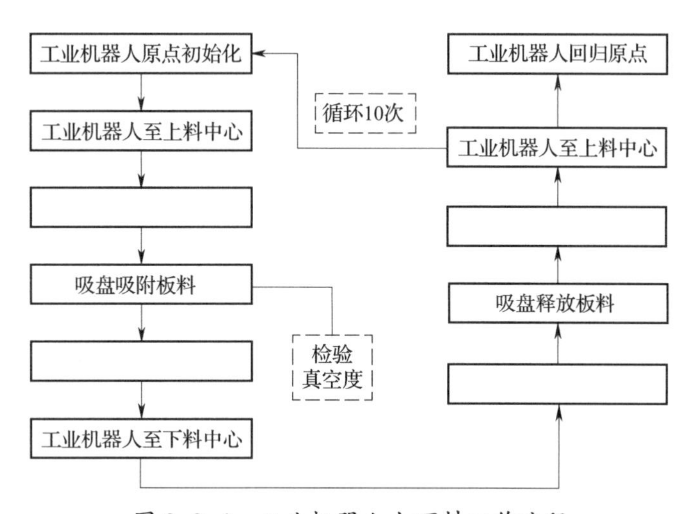

图 2–2–4　工业机器人上下料工作流程

2．调整产品生产节拍时，可以适当增加工业机器人等待时间，若要更改工业机器人程序中吸取点和释放点的等待时间，根据图 2–2–3 中的轨迹，需更改工业机器人哪几个示教点的延时时间?

3．在安全工作的前提下，提升工业机器人程序的运行速度，可以减少工业机器人的运行时间，从而减少整个工业机器人的运行节拍。请根据任务要求，在图 2-2-5 所示工业机器人属性设置中修改工业机器人速度并说明修改的依据。

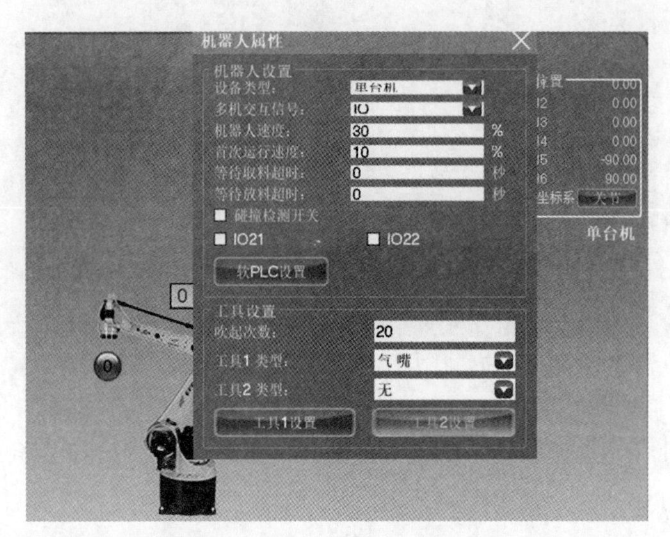

图 2-2-5　工业机器人属性设置

4．记录工业机器人工作站完成一次上下料所需的时间，并分析还可对哪些示教点进行优化。

五、增加工业机器人工作站附加轴

1．查阅相关资料，进行小组讨论，根据图 2-2-6 分析工业机器人工作站增加附加轴的目的。

图 2-2-6　工业机器人工作站附加轴

2．工业机器人工作站增加附加轴后，可以更好地为多台工业机器人服务，从而减少节拍时间。请按表 2-2-1 的提示配置附加轴，并将表 2-2-1 补充完整。

表 2-2-1　　附加轴配置步骤

序号	步骤	图示	备注
1	打开附加轴功能		打开示教器桌面，单击________图标进入主界面

续表

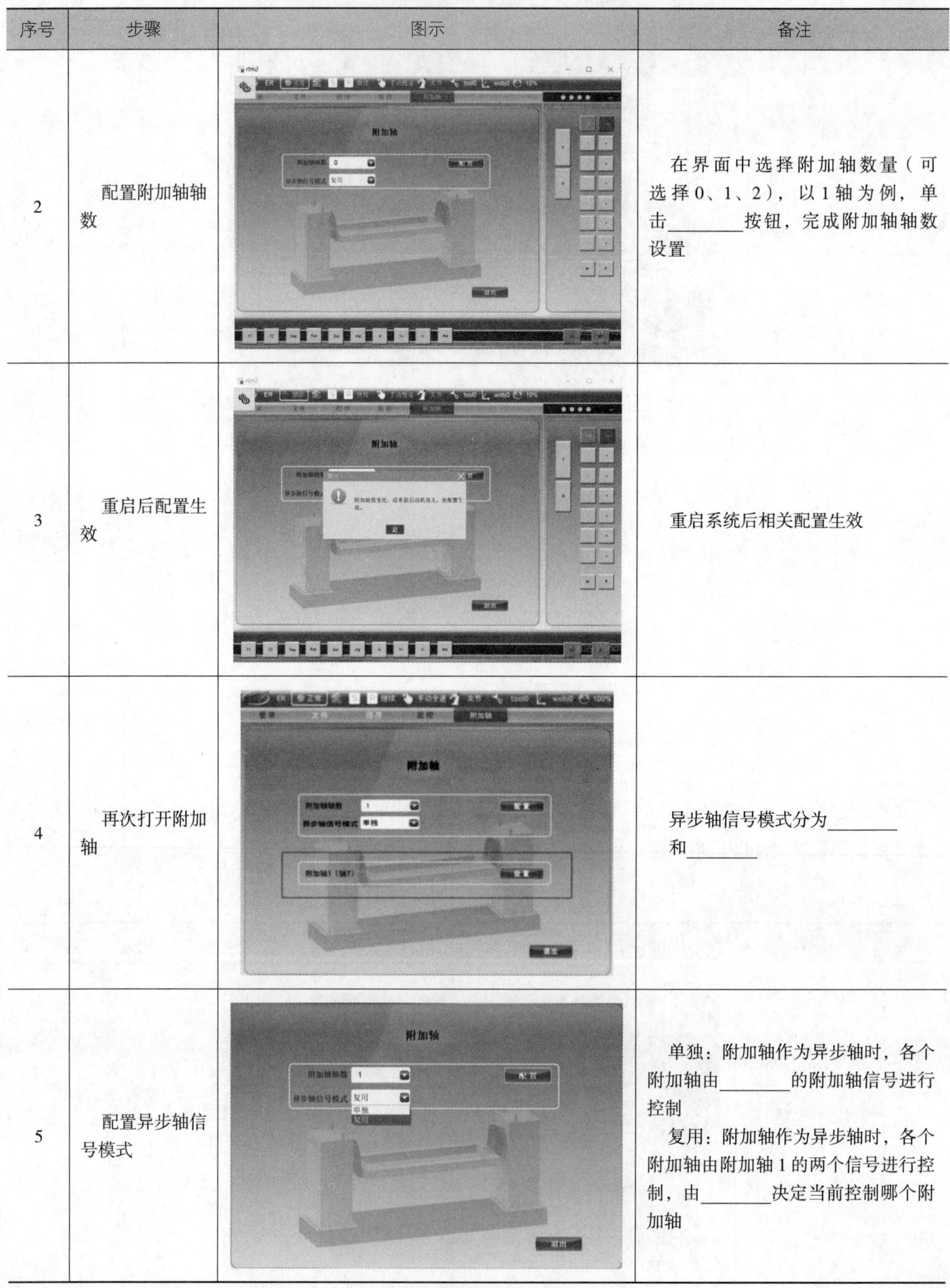

序号	步骤	图示	备注
2	配置附加轴轴数		在界面中选择附加轴数量（可选择0、1、2），以1轴为例，单击________按钮，完成附加轴轴数设置
3	重启后配置生效		重启系统后相关配置生效
4	再次打开附加轴		异步轴信号模式分为________和________
5	配置异步轴信号模式		单独：附加轴作为异步轴时，各个附加轴由________的附加轴信号进行控制 复用：附加轴作为异步轴时，各个附加轴由附加轴1的两个信号进行控制，由________决定当前控制哪个附加轴

3．完成工业机器人附加轴配置后，还需要进行参数设置，请按照表 2–2–2 所示步骤完成附加轴的参数配置，并将表 2–2–2 补充完整。

表 2–2–2　　　　　　　　　　　　　　附加轴参数配置步骤

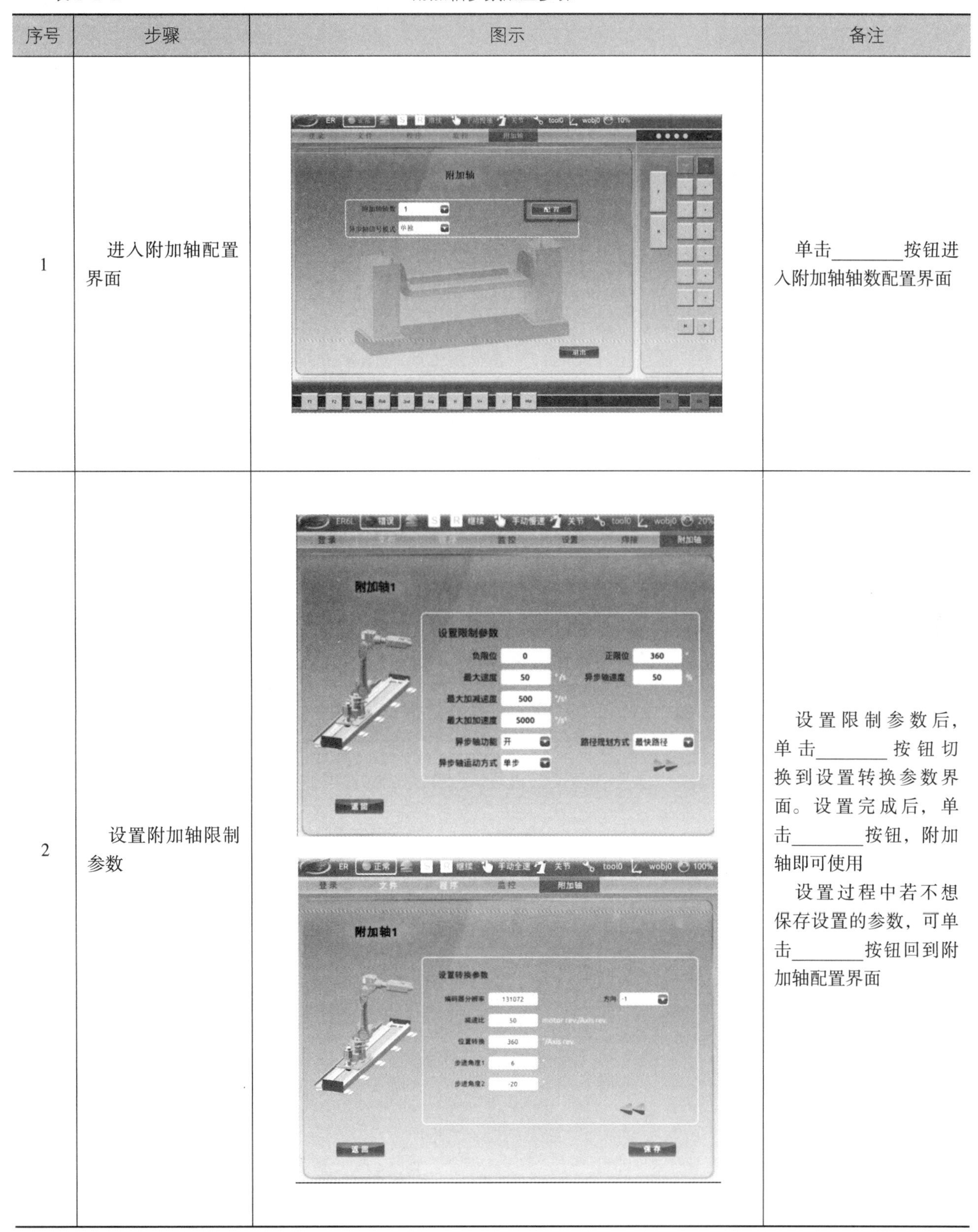

序号	步骤	图示	备注
1	进入附加轴配置界面		单击________按钮进入附加轴轴数配置界面
2	设置附加轴限制参数		设置限制参数后，单击________按钮切换到设置转换参数界面。设置完成后，单击________按钮，附加轴即可使用 设置过程中若不想保存设置的参数，可单击________按钮回到附加轴配置界面

六、通电前自检

1．完成调整工作后，进行工业机器人工作站自检。请补全工业机器人工作站生产节拍调整的自检要点。

2．现场观察工作站生产节拍调整是否正确，检查单件生产工时是否调整为 30 s。若单件生产工时出现大于或小于 30 s 的情况，应如何处理？

七、清理现场

完成生产节拍调整工作并自检合格后，按生产现场“6S”管理标准整理工作现场，清除作业垃圾，归还工具及材料，经指导教师检查合格后方可离开工作现场。简述完成本任务过程中要特别注意的环境保护事项和“6S”管理要求。

八、学习活动评价

根据表 2–2–3 进行学习活动评价。

表 2–2–3　学习活动评价表

班级		姓名		学号		日期	年　月　日
序号	评价要点				配分 / 分	得分 / 分	总评
1	能完成气动元件的润滑与压力调节				10		□ A（100 ~ 90 分） □ B（89 ~ 75 分） □ C（74 ~ 60 分） □ D（59 ~ 0 分）
2	能完成元件定位装置的调整				10		
3	能完成 PLC 程序的调整				10		
4	能完成冲床上下料工序等待时间的调整				20		
5	能对工业机器人的速度进行优化				10		
6	能完成附加轴的配置和参数设置				10		
7	能进行工业机器人冲压上下料工作站通电前自检				10		
8	能按“6S”管理规定清理现场				10		
9	能积极参与讨论，注重团队合作				10		
小结建议							

学习活动3　生产节拍调整的检查

学习目标

1. 能按照调整计划和安全生产操作规范，上电检查冲床夹具、工业机器人手爪夹具、气动元件定位装置等的信号。

2. 能根据生产工艺要求，运行工业机器人程序，并进行上电测试。

3. 能准确记录工作站调整内容并存档，正确规范地填写变更记录单。

建议学时：6学时

学习过程

一、配置工业机器人信号

断电检测无误后对工业机器人工作站上电，配置工业机器人信号。I/O自由配置模块主要包括两部分：输入模块和输出模块。通过信号配置功能，用户可以自由配置通用功能是本地I/O还是远程I/O，还可以配置I/O地址、I/O信号的有效值和滤波时间。工业机器人信号板配置步骤见表2–3–1，请按照表2–3–1配置工业机器人信号，并将相关内容补充完整。

表2–3–1　　工业机器人信号板配置步骤

序号	步骤	图示	备注
1	选择“IO设置”		打开示教器桌面，单击__________进入IO设置

续表

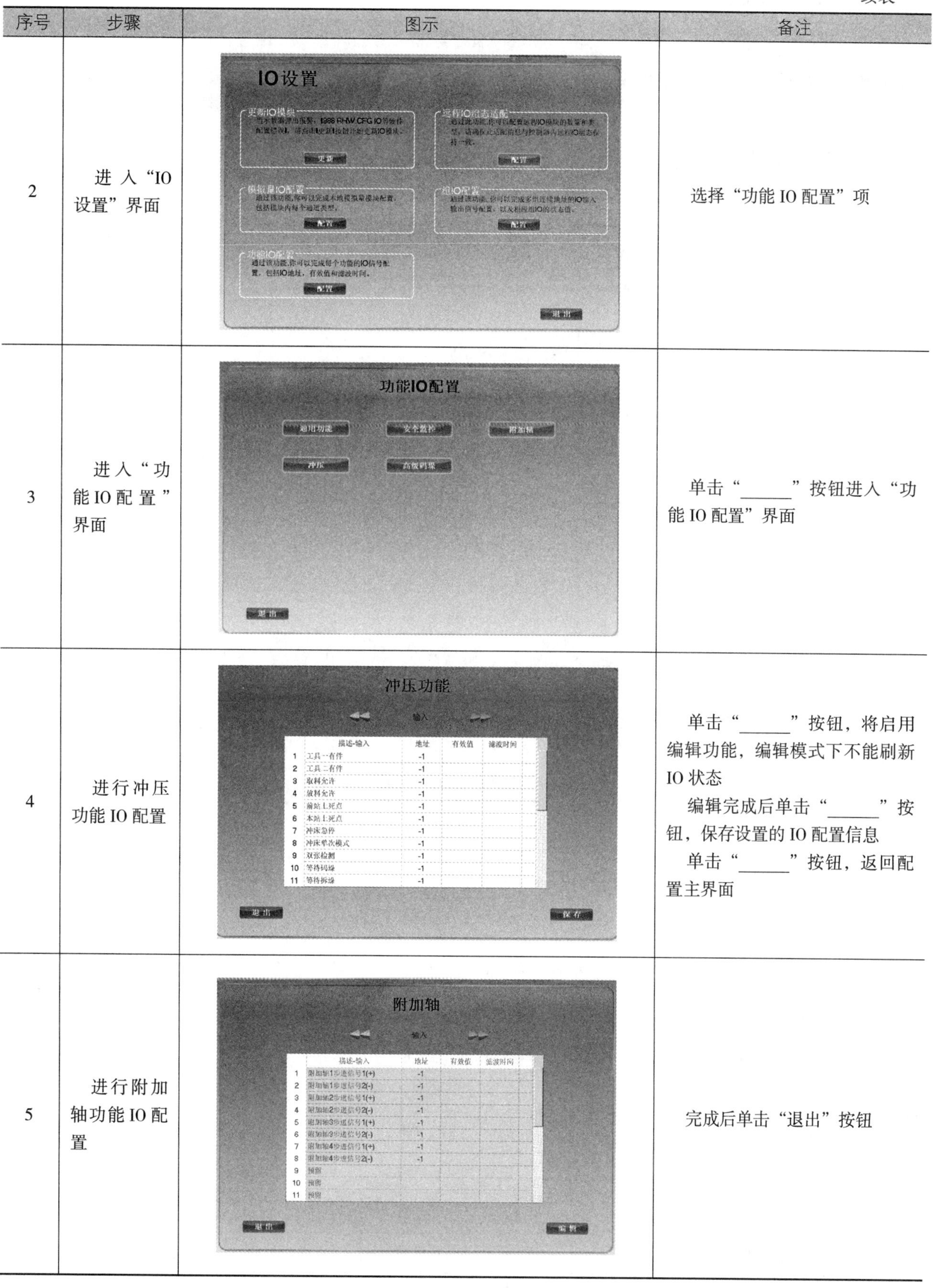

序号	步骤	图示	备注
2	进入“IO设置”界面	IO设置	选择“功能IO配置”项
3	进入“功能IO配置”界面	功能IO配置	单击“______”按钮进入“功能IO配置”界面
4	进行冲压功能IO配置	冲压功能	单击“______”按钮，将启用编辑功能，编辑模式下不能刷新IO状态 编辑完成后单击“______”按钮，保存设置的IO配置信息 单击“______”按钮，返回配置主界面
5	进行附加轴功能IO配置	附加轴	完成后单击“退出”按钮

二、检测工业机器人外部 I/O 信号

1．冲床夹具、机器人手爪夹具、气动元件定位装置等的信号为外部 I/O 信号，在工业机器人 I/O 监控中可实时查看。按照表 2–3–2 所示步骤完成工业机器人外部 I/O 信号的检测，并按要求填写相关内容。

表 2–3–2　　工业机器人外部 I/O 信号检测步骤

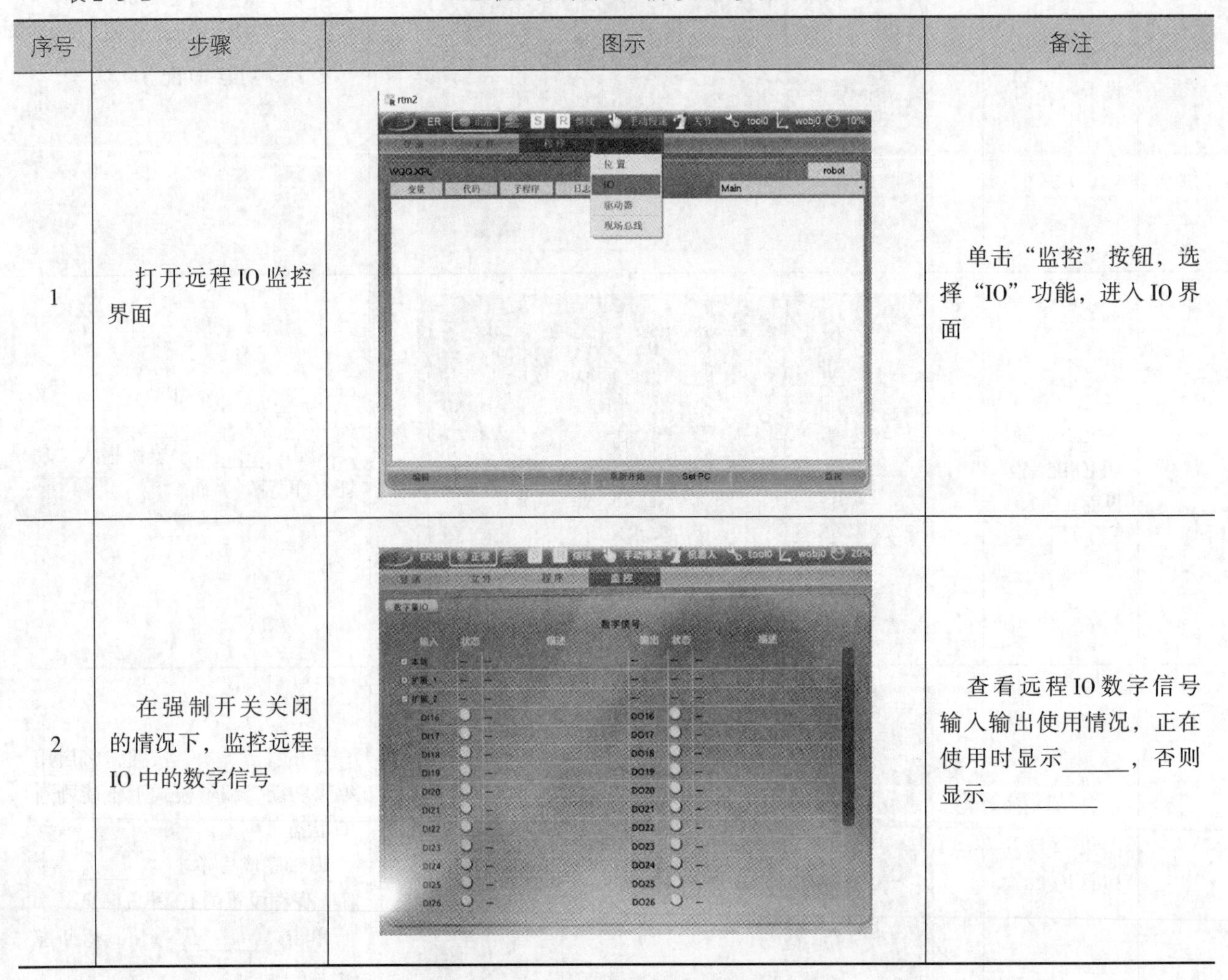

序号	步骤	图示	备注
1	打开远程 IO 监控界面		单击“监控”按钮，选择“IO”功能，进入 IO 界面
2	在强制开关关闭的情况下，监控远程 IO 中的数字信号		查看远程 IO 数字信号输入输出使用情况，正在使用时显示______，否则显示__________

2．填写表 2–3–3 所示工业机器人感应装置外部 I/O 信号自检表。

表 2–3–3　　工业机器人感应装置外部 I/O 信号自检表

自检内容	检测情况	备注
允许取料信号	□正常　□不正常	
允许放料信号	□正常　□不正常	
冲压动作信号	□正常　□不正常	
工业机器人夹具夹紧信号	□正常　□不正常	
工业机器人夹具打开信号	□正常　□不正常	
定位装置动作信号	□正常　□不正常	

三、检测附加轴

在标准工业机器人基础上增加 1 ~ 4 个附加轴，目的是配合工业机器人完成现场复杂工作。请在已经完成附加轴的增加及参数配置工作的基础上，按表 2-3-4 的提示进行附加轴位置监控及清零操作，并将相关内容补充完整。

表 2-3-4　　附加轴位置监控及清零步骤

序号	步骤	图示	备注
1	单关节运动和附加轴位置监控		在附加轴参数配置完成后，单击菜单栏“监控”中的“位置”命令进入位置监控界面，按下示教器下方的“______”按钮，切换至附加轴和本体各关节轴的位置监控界面。当状态栏坐标系信息显示为______时，则可通过示教器右侧的轴运动按键控制附加轴运动，1 为控制附加轴 1 运动按键，其余依此类推
2	附加轴清零		单击菜单栏“监控”中的“______”命令，按下示教器下方的“______”按钮，切换至附加轴和本体各关节轴的清零界面。当状态栏坐标系信息显示为“______”时，进行附加轴清零，操作和正常轴相同

四、联调工业机器人程序

1．在完成工业机器人信号配置及检测后，在前面已经完成了工业机器人程序的节拍优化的基础上，根据添加的附加轴对工业机器人程序进行微调，保证其满足生产任务要求。将调整的程序段记录下来，并说出修改理由。

2．查看工业机器人编程手册，完成附加轴同步非插补轴指令的编写。

五、试运行及填写变更记录单

试运行工业机器人工作站，观察工业机器人工作站运行情况是否正常，按要求在表 2–3–5 所示工业机器人工作站变更记录单中填写有关内容。

表 2–3–5　　工业机器人工作站变更记录单

<table>
<tr><td>变更内容</td><td colspan="5"></td></tr>
<tr><td>变更种类</td><td colspan="5">□工艺、技术变更　□机械设备设施、材料等变更　□管理变更　□其他变更</td></tr>
<tr><td>变更部门</td><td></td><td>记录人</td><td></td><td>日期</td><td></td></tr>
<tr><td rowspan="3">变更记录</td><td colspan="5">变更原因：</td></tr>
<tr><td colspan="5">变更内容：</td></tr>
<tr><td colspan="5">变更人：
年　月　日</td></tr>
<tr><td>开机试运行情况记录</td><td colspan="5">第一次：
第二次：
第三次：</td></tr>
</table>

续表

变更验收	组织验收部门： 验收主要内容：□工业机器人信号配置　□定位装置信号检测　□程序试运行 验收意见：□合格　□不合格 验收建议：□可工作　□需再次调整 验收结论：

六、学习活动评价

根据表 2-3-6 进行学习活动评价。

表 2-3-6　　学习活动评价表

班级		姓名		学号		日期	年　月　日
序号	评价要点				配分 / 分	得分 / 分	总评
1	能完成工业机器人信号的配置				20		□ A（100 ~ 90 分） □ B（89 ~ 75 分） □ C（74 ~ 60 分） □ D（59 ~ 0 分）
2	能进行工业机器人外部 I/O 信号的检测				10		
3	能完成附加轴位置的检测和清零操作				10		
4	能完成工业机器人程序的联调				30		
5	能完成变更记录单的填写				20		
6	能掌握工作进度，高效完成工作				10		
小结建议							

学习活动 4　工作总结与评价

1. 能按分组情况，分别派代表展示工作成果，说明本次任务的完成情况，并进行分析、总结。

2. 能结合自身任务完成情况，正确、规范地撰写工作总结（心得体会）。

3. 能就本次任务中出现的问题提出改进措施。

4. 能对学习与工作进行反思、总结，并能与他人开展良好合作，进行有效沟通。

建议学时：4 学时

学习过程

一、个人评价

按表 2–4–1 所列评分标准进行个人评价。

表 2–4–1　　个人综合评价表

项目	序号	技术要求	配分 / 分	评分标准	得分 / 分
工具的选用（10%）	1	调整工具的领取	5	不正确、不合理不得分	
	2	调整工具的使用	5	不正确、不合理不得分	
材料的选用（10%）	3	调整材料的领取	5	不正确、不合理不得分	
	4	调整材料的使用	5	不正确、不合理不得分	
调整操作（65%）	5	气动元件的润滑与压力调节及元件定位装置的调整	10	不合格每处扣 1 分	
	6	PLC 程序的调整	10	不合格每处扣 1 分	
	7	工业机器人轨迹的优化	10	不合格每处扣 1 分	

续表

项目	序号	技术要求	配分 / 分	评分标准	得分 / 分
调整操作（65%）	8	工业机器人信号的配置	5	不正确不得分	
	9	工业机器人外部 I/O 信号的检测	10	不正确不得分	
	10	工业机器人附加轴的配置、检测和清零	10	不正确不得分	
	11	工业机器人程序的联调	10	点位每错 1 个扣 1 分	
安全文明生产（15%）	12	安全操作	5	不按安全操作规程操作不得分	
	13	工位清理	5	未执行“6S”管理规范不得分	
	14	记录填写	5	填写不规范不得分	
总得分					

二、小组评价

以小组为单位，选择演示文稿、展板、海报、视频等形式中的一种或几种，向全班展示、汇报调整成果。在展示的过程中，以小组为单位进行评价；评价完成后，根据其他小组成员对本组展示成果的评价意见进行归纳、总结。

三、教师评价

认真听取教师对本小组展示成果优缺点以及在完成任务过程中出现的亮点和不足的评价意见，并做好记录。

1．教师对本小组展示成果优点的点评。

2．教师对本小组展示成果缺点及改进方法的点评。

3．教师对本小组在整个任务完成过程中出现的亮点和不足的点评。

四、总结提升

结合自身任务完成情况，通过交流讨论等方式较全面规范地撰写本次任务的工作总结。

评价与分析

按照“客观、公正和公平”原则，在教师的指导下按自我评价（自评）、小组评价（互评）和教师评价（师评）三种方式对自己或他人在本学习任务中的表现进行综合评价。综合等级按 A（100 ~ 90 分）、B（89 ~ 75 分）、C（74 ~ 60 分）、D（59 ~ 0 分）四个级别进行填写，见表 2-4-2。

表 2-4-2　学习任务综合评价表

考核项目	评价内容	配分 / 分	评价分数		
			自评	互评	师评
职业素养	安全防护用品穿戴整洁，仪容仪表符合工作要求	5			
	安全意识、责任意识强	6			
	积极参加教学活动，按时完成各种学习任务	6			
	团队合作意识强，善于与人交流和沟通	6			
	自觉遵守劳动纪律，尊敬师长，团结同学	6			
	爱护公物，节约材料，管理现场符合“6S”标准	6			
专业能力	专业知识查找及时、准确，有较强的自学能力	10			
	操作积极、训练刻苦，具有一定的动手能力	15			
	技能操作规范，注重调整工艺，工作效率高	10			
工作成果	生产节拍调整符合工艺规范，功能满足要求	20			
	工作总结符合要求，展示成果制作质量高	10			
总　分		100			
总评	自评 × 20% + 互评 × 20% + 师评 × 60% =	综合等级	教师（签名）：		

世赛知识

技能训练之体能训练、心理素质训练

选手在日常训练过程中，除了接受技能训练外，还必须接受相应的体能训练，以确保选手有强健的体魄来应对世界技能大赛上高强度的操作过程。从世界技能大赛的项目设置来看，部分项目消耗脑力比较多、体力比较少，如平面设计技术、CAD 机械设计等项目，但也有部分项目不但消耗脑力，还会长时间消耗大量体力，如砌筑、电气装置等项目。再加上赛场所在地的气候、饮食习惯、时差等因素的影响，选手只有具备充沛的体力和较强的适应能力，才能确保在大赛期间发挥出最佳水平。因此，选手在技能训练的同时会持续地进行一些基本的体能训练，以提高自身的身体素质。体能训练内容通常包括跑步等常见的体育锻炼项目和各种拓展训练。

世界技能大赛的集训选手都会接受一定程度的心理素质训练。可想而知，在比赛场上，往往最终较量的就是选手的心理素质。选手长期处于高度紧张状态，特别是最终坚持到世界技能大赛的选手，在世界技能大赛的赛场上还要经受前所未有的压力，如果没有强大的内心，面对各种考验的时候一旦陷入焦虑、恐慌、急躁甚至茫然的状态，必然无法发挥出日常良好的水平，从而直接影响比赛成绩。因此，心理素质训练也是选手日常训练的一个重要组成部分，有的集训基地会邀请心理专家全程参与对选手的心理测评和辅导工作。

学习任务3　工业机器人工作站非标机构调整

学习目标

1. 能读懂工业机器人工作站非标机构调整任务单，与主管和客户沟通，明确工作站调整任务要求和工期要求。

2. 能细致准确地观察、记录和分析工作站现场设备运行情况，查阅工业机器人工作站使用说明书，结合工作站现场设备运行情况，制订工作站非标机构调整计划。

3. 能以小组合作方式，按照工作站调整计划和安全生产操作规范，在规定工期内完成工作站执行部件、定位装置和感应装置的调整，并进行自检。

4. 能按照调整计划和安全生产操作规范，上电检测工业机器人工作站加盖单元定位装置、手爪抓指（平行夹具）取放与手机壳定位装置等的信号。

5. 能根据产品的生产工艺要求，调整工业机器人程序，并进行上电测试。

6. 能准确记录工作站调整内容并存档，正确规范地填写变更记录单。

7. 能及时对工作中的新方法、新举措进行总结分享，对发现的问题和安全事项等分析原因，总结不足，提出有效的改进措施。

建议学时

80 学时

工作情境描述

某手机外壳加工制造企业有 1 个工业机器人手机按键自动装配工作站，该工作站由 1 套上料整列单元、1 个六轴工业机器人、1 套加盖单元和 1 个成品仓库组成。现因手机盖变薄 0.5 mm，需要设备供应商在不改变原生产线的情况下，对工作站进行调整。设备供应商技术部主管要求技术员在 1 周内根据非标机构调整方案和客户要求完成调整任务。

1．明确任务，制订计划（12 学时）

2．非标机构调整（46 学时）

3．非标机构调整的检查（18 学时）

4．工作总结与评价（4 学时）

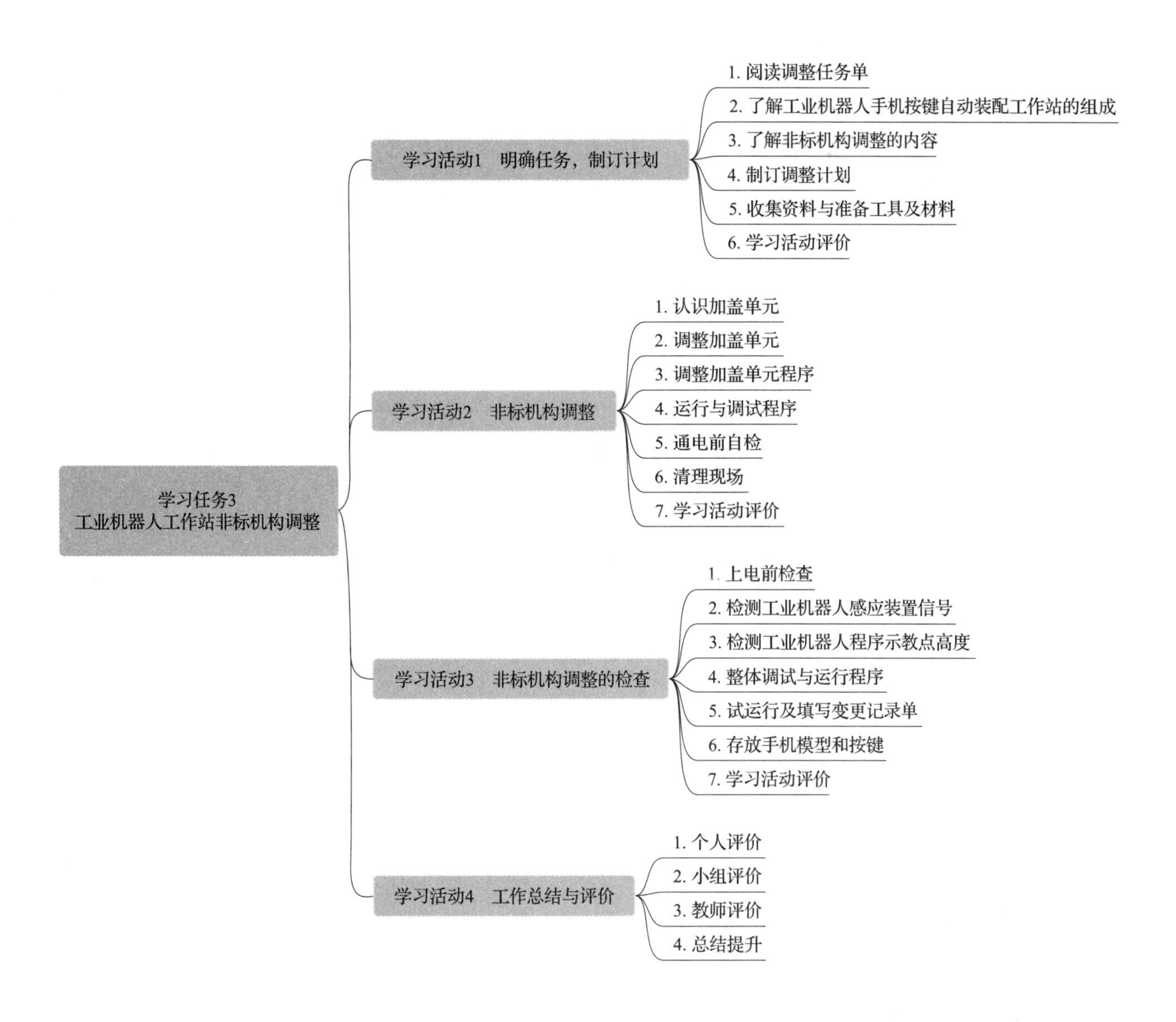
学习任务3
工业机器人工作站非标机构调整
学习活动1　明确任务，制订计划
1. 阅读调整任务单
2. 了解工业机器人手机按键自动装配工作站的组成
3. 了解非标机构调整的内容
4. 制订调整计划
5. 收集资料与准备工具及材料
6. 学习活动评价
学习活动2　非标机构调整
1. 认识加盖单元
2. 调整加盖单元
3. 调整加盖单元程序
4. 运行与调试程序
5. 通电前自检
6. 清理现场
7. 学习活动评价
学习活动3　非标机构调整的检查
1. 上电前检查
2. 检测工业机器人感应装置信号
3. 检测工业机器人程序示教点高度
4. 整体调试与运行程序
5. 试运行及填写变更记录单
6. 存放手机模型和按键
7. 学习活动评价
学习活动4　工作总结与评价
1. 个人评价
2. 小组评价
3. 教师评价
4. 总结提升

学习活动 1　明确任务，制订计划

学习目标

1. 能读懂工业机器人工作站非标机构调整任务单，与主管和客户沟通，明确工作站调整任务要求和工期要求。

2. 能细致准确地观察、记录和分析工作站现场设备运行情况，查阅工业机器人工作站使用说明书，结合工作站现场设备运行情况，制订工作站非标机构调整计划。

3. 能领用合适的调整工具和材料，制订小组分工及工期计划。

建议学时：12 学时

学习过程

一、阅读调整任务单

阅读本学习任务的工作情境描述，并查阅相关资料，结合本学习任务的实际情况，填写表 3–1–1 所示的工业机器人工作站非标机构调整任务单，并回答如下相关问题。

表 3–1–1　工业机器人工作站非标机构调整任务单

任务名称			接单日期	
工作地点			工期	
工作内容	现因手机盖变薄 0.5 mm，需要设备供应商在不改变原生产线的情况下，对工作站进行调整			
相关资料	工业机器人手机按键自动装配工作站使用说明书、工业机器人操作说明书、工作站运行情况记录表、安全生产操作规范等			
调整要求	加盖单元加盖点无误差，手机底座与上盖之间无缝隙			
客户姓名		联系电话	验收日期	
团队负责人姓名		联系电话	团队名称	
备注				

1．阅读调整任务单，与主管沟通，简述本次工作站调整任务的要求。

2．本调整任务所需的工期为多长时间?

3．查阅相关手册，简述本调整任务需要遵循的相关技术标准。

二、了解工业机器人手机按键自动装配工作站的组成

1．工业机器人手机按键自动装配工作站利用工业机器人完成对手机模型按键装配、加盖装配并搬运入仓的过程，具体工作过程是：设备启动后，安全送料机构将需要装配的手机按键送入装配区，手机底座被推送到装配平台，由工业机器人完成按键装配，同时手机盖上料机构把手机盖推送到拾取工位，工业机器人拾取手机盖对手机加盖并搬运入仓。现场观察如图 3-1-1 所示工业机器人手机按键自动装配工作站的组成，并填写各组成部件的名称。

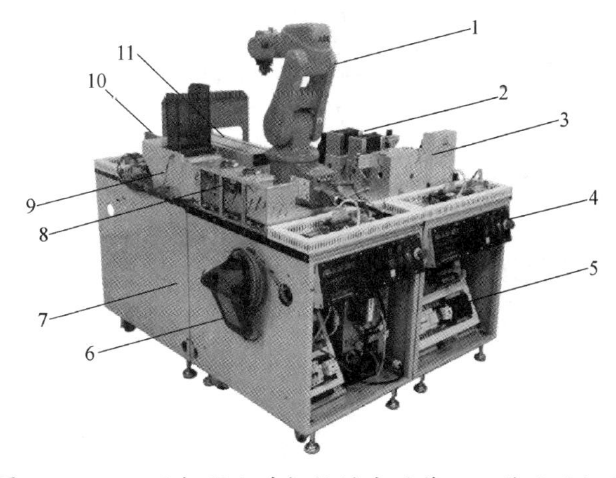

图 3-1-1　工业机器人手机按键自动装配工作站的组成

1—______ 2—______ 3—______ 4—______

5—______ 6—______ 7—______ 8—______

9—______ 10—______ 11—______

2．观看工业机器人手机按键自动装配工作站的工作视频，根据图 3-1-2 所示的工业机器人手机按键自动装配工作站工作流程，简述加盖单元的工作流程。

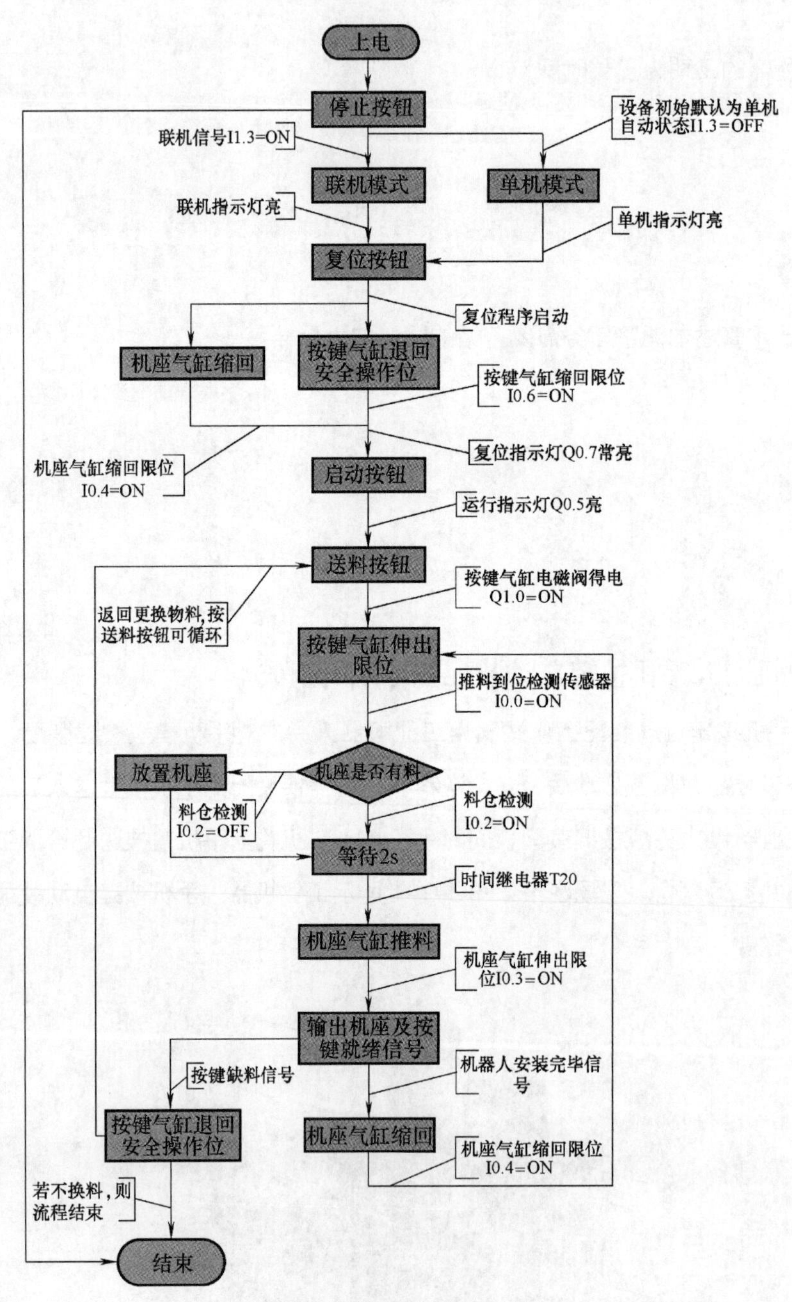

图 3-1-2　工业机器人手机按键自动装配工作站的工作流程

三、了解非标机构调整的内容

1．工业机器人工作站非标机构是指不按照国家颁布的统一行业标准和规格制造的产品或设备，而是根据自己的用途或需要，自行设计制造的产品或设备。简述在本次调整任务中，由于需要将手机盖变薄 5 mm，需要调整的工业机器人工作站相关设备的名称。

2．简述在工业机器人工作站非标机构调整的过程中必须注意的事项。

3．简述在工业机器人工作站非标机构调整后需检查的内容。

小资料

装配机器人

装配机器人是工业生产中装配生产线上对零件或部件进行装配的一类工业机器人，是柔性自动化装配的核心设备。

1. 装配机器人的主要优点

（1）操作速度快，加速性能好，能缩短工作循环时间。

（2）具有极高的重复定位精度，能保证装配精度。

（3）能提高生产效率，解放单一繁重体力劳动。

（4）能使操作人员摆脱有毒、有辐射的装配环境，可显著改善操作人员的劳动条件。

（5）可靠性好，适应性强，稳定性高。

2. 装配机器人的分类

装配机器人在不同装配生产线上发挥着强大的装配作用。装配机器人大多由 4 ～ 6 轴组成，目前市场上常见的装配机器人按臂部运动形式可分为直角式装配机器人和关节式装配机器人，其中关节式装配机器人又可分为水平串联关节式机器人、垂直串联关节式机器人和并联关节式机器人。如图 3-1-3 所示为装配机器人的分类。

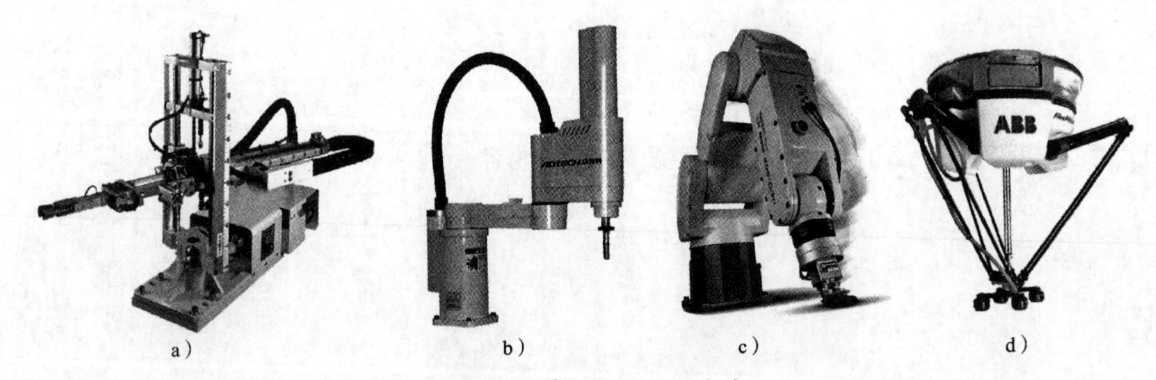

a） b） c） d）

图 3-1-3 装配机器人的分类

a）直角式装配机器人 b）水平串联关节式机器人 c）垂直串联关节式机器人 d）并联关节式机器人

四、制订调整计划

根据工业机器人手机按键自动装配工作站现场设备情况，小组讨论，在表 3–1–2 中填写工作站非标机构调整计划。

表 3–1–2　　工作站非标机构调整计划

小组编号		任务名称		
序号	项目	工作内容	预计工时	负责成员
1				
2				
3				
4				
5				
6				

教师审核意见：

教师签名：________　制订计划人签名：________

年　月　日

五、收集资料与准备工具及材料

1．写出为完成工业机器人工作站非标机构调整所需的相关资料。

2．根据制订的工作站非标机构调整计划，填写表 3–1–3 所示工具和材料领用单，领取所需使用的工具及材料。

表 3–1–3　　工具和材料领用单

申请部门：		申领人：		申领日期：　年　月　日	
序号	名称	规格	申领数量	申领用途	备注

续表

序号	名称	规格	申领数量	申领用途	备注

3．选派代表上台展示本小组制订的工作站非标机构调整计划、工具和材料领用单，认真听取其他小组和教师对本小组工作站非标机构调整计划的点评和调整建议，并做好记录。

4．根据其他小组和教师的建议，小组内交流与讨论，修改工作站非标机构调整计划、工具和材料领用单，最后将确定下来的调整计划交由教师审核。

六、学习活动评价

根据表 3-1-4 进行学习活动评价。

表 3-1-4　　　　学习活动评价表

班级		姓名		学号		日期	年　月　日
序号	评价要点				配分 / 分	得分 / 分	总评
1	能读懂工业机器人工作站非标机构调整任务单				10		□ A（100 ~ 90 分） □ B（89 ~ 75 分） □ C（74 ~ 60 分） □ D（59 ~ 0 分）
2	能说明工业机器人工作站非标机构调整任务要求和工期要求				10		
3	能叙述工业机器人手机按键自动装配工作站的工作流程				15		
4	能说出工业机器人手机按键自动装配工作站各部件的作用				15		
5	能制订符合要求的非标机构调整计划				20		
6	能选用合适的工具和材料				10		
7	能上台展示调整计划				10		
8	能积极参与讨论，注重团队合作				10		
小结建议							

学习活动 2　非标机构调整

1. 能以小组合作的方式，按照工作站调整计划和安全生产操作规范，在工期内完成工作站执行部件、定位装置和感应装置的调整。

2. 能遵守工业机器人相关行业企业标准、安全生产制度、环境保护制度和“6S”管理要求，在规定时间内完成调整项目自检并清理工作现场。

建议学时：46 学时

一、认识加盖单元

1．加盖单元是工业机器人手机按键自动装配工作站的重要组成部分，主要负责手机盖的上料及装配完成后的手机存储，通过步进电动机来驱动升降台供料实现相应的功能，它主要由料盒仓、手机盖上料机构、单元桌面电气元件、加盖单元控制面板、加盖单元电气挂板和单元桌体组成，其外形如图 3–2–1 所示。根据现场观察情况，写出工业机器人工作站加盖单元的组成部件。

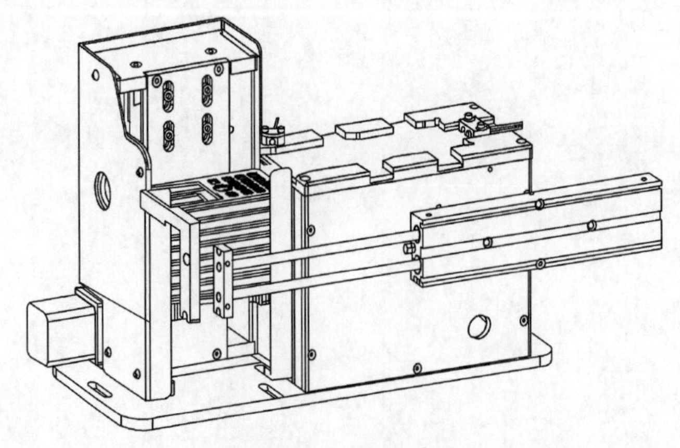

图 3–2–1　加盖单元

2. 简述加盖单元上料机构是如何完成手机加盖工作的。根据图 3-2-2 所示加盖单元上料机构的外形图，写出加盖单元上料机构的组成。

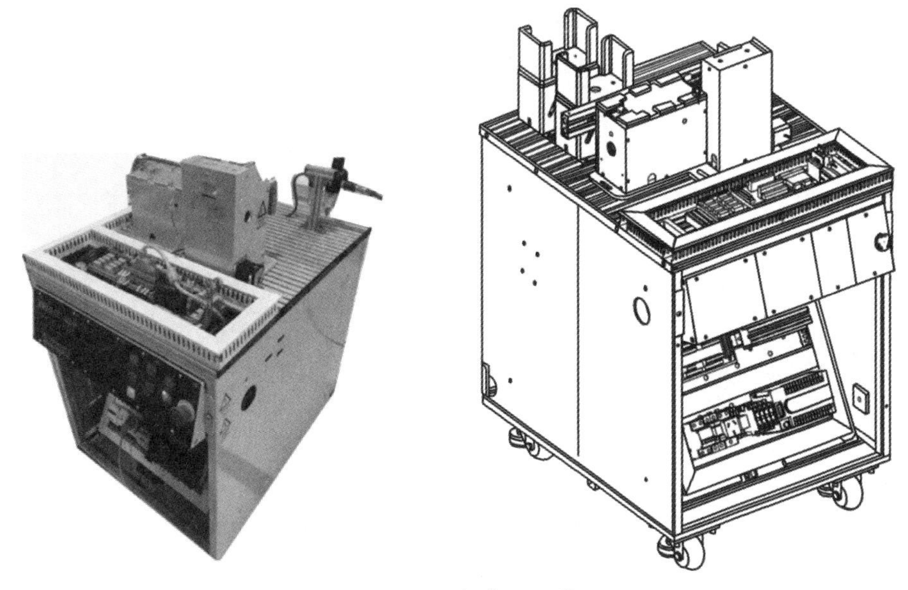

图 3-2-2　加盖单元上料机构

二、调整加盖单元

1．观察图 3–2–3 所示工业机器人工作站加盖单元示意图，说明若需使手机盖变薄 0.5 mm，检测传感器的位置应如何调整。

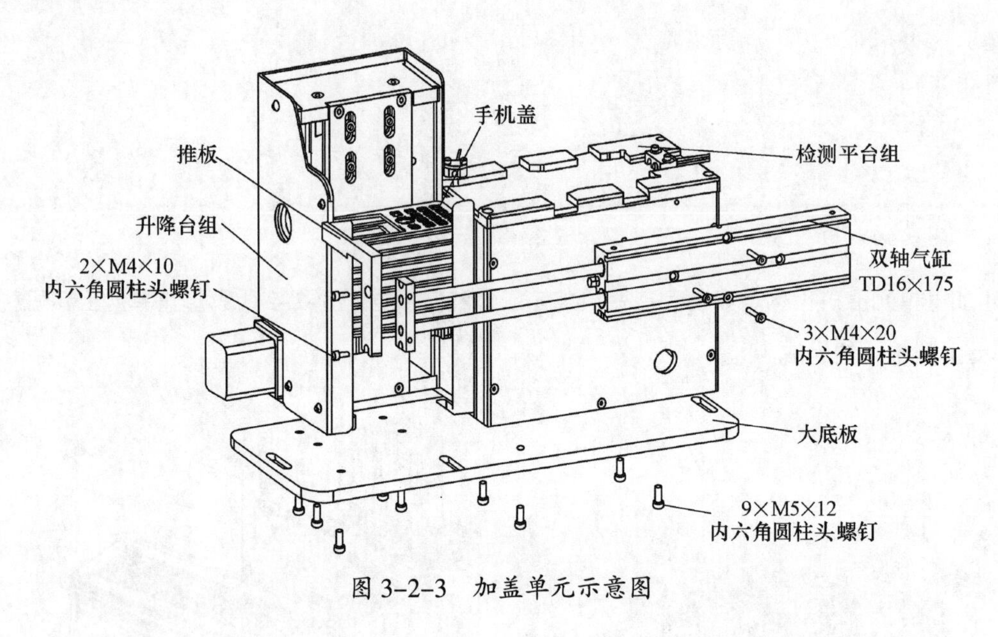

图 3–2–3　加盖单元示意图

2．简述调整升降台高度需要的工具及调整中的注意事项。

3．使用合适的工具，小组合作完成加盖单元升降台的调整，并简述调整步骤。

三、调整加盖单元程序

1．现场观察工业机器人工作站加盖单元的工作过程，画出其工作流程图。

2．若要调整工业机器人工作站加盖单元取放吸盘的高度，根据表3-2-1所示示教点注释表，应更改图3-2-4中的哪个示教点?

表3-2-1　　示教点注释表

序号	点序号	注释	备注
1	原点	工业机器人初始位置	程序中定义
2	*P*pick1	取平行夹具点	需示教
3	P_1	托盘取料点	上料单元示教点，已完成示教
4	P_2	按键装配点	上料单元示教点，已完成示教
5	P_3	手机取盖点	需示教
6	P_4	手机加盖点	需示教
7	P_5	手机仓库放置点一	需示教
8	P_6	手机仓库放置点二	需示教

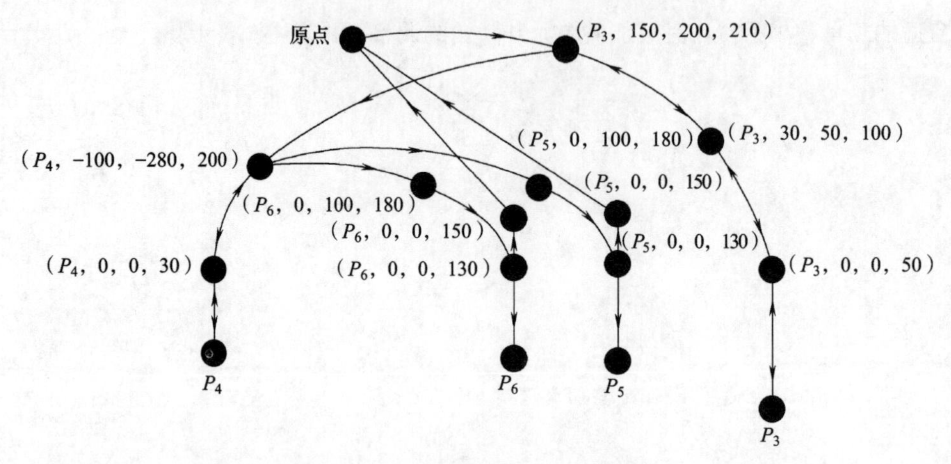

图 3-2-4　手机盖装配运行轨迹

3．各小组根据如图 3-2-5 所示机器人示教点参考布局图，写出符合要求的加盖单元机器人程序。

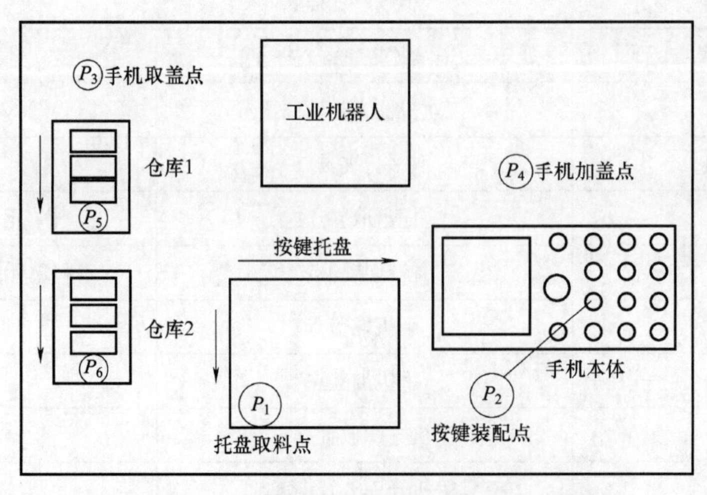

图 3-2-5　工业机器人示教点参考布局图

四、运行与调试程序

1．根据工业机器人工作站加盖单元的工作流程，进行手机加盖及入库运行轨迹示教点的示教，示教点主要有原点、手机加盖点、手机取盖点、手机仓库放置点。请简述示教过程中的注意事项。

2．完成点的示教后，调试工业机器人程序，实现手机加盖装配和入库控制功能。调试程序前注意检查轨迹示教点与接口板端子分配表对应是否正确，简述其中最重要的检查项目。

五、通电前自检

完成调整工作后，进行工业机器人工作站通电前自检，补全表 3-2-2 所示工业机器人工作站自检要点。

表 3-2-2　　工业机器人工作站自检要点

序号	自检内容	自检要点
1	系统紧固性	检查工作站是否有明显移位、松动或损坏等现象
2	加盖单元检测传感器	接线正确，安装位置符合工作要求
3	气路检测	接通气路，打开气源，检查气压为______MPa，按下电磁阀手动按钮，确认各气缸及传感器的原始状态

六、清理现场

完成调整工作并自检合格后，按照要求清理场地，规范放置物品，整理好工具和材料。并简述在完成本任务过程中要特别注意的环境保护事项和“6S”管理要求。

七、学习活动评价

根据表 3–2–3 进行学习活动评价。

表 3–2–3　　学习活动评价表

<table>
<tr><td>班级</td><td colspan="2"></td><td>姓名</td><td></td><td>学号</td><td></td><td>日期</td><td>年　月　日</td></tr>
<tr><td>序号</td><td colspan="6">评价要点</td><td>配分 / 分</td><td>得分 / 分</td><td>总评</td></tr>
<tr><td>1</td><td colspan="6">能说出加盖单元各部分的组成</td><td>10</td><td></td><td rowspan="8">□ A（100 ~ 90 分）
□ B（89 ~ 75 分）
□ C（74 ~ 60 分）
□ D（59 ~ 0 分）</td></tr>
<tr><td>2</td><td colspan="6">能完成加盖单元检测传感器位置的调整</td><td>10</td><td></td></tr>
<tr><td>3</td><td colspan="6">能完成加盖单元程序的编辑</td><td>20</td><td></td></tr>
<tr><td>4</td><td colspan="6">能完成加盖单元程序示教点的修改</td><td>10</td><td></td></tr>
<tr><td>5</td><td colspan="6">能完成加盖单元整体运行的调试</td><td>20</td><td></td></tr>
<tr><td>6</td><td colspan="6">能进行工业机器人手机按键自动装配工作站通电前自检</td><td>10</td><td></td></tr>
<tr><td>7</td><td colspan="6">能按“6S”管理规定清理现场</td><td>10</td><td></td></tr>
<tr><td>8</td><td colspan="6">能积极参与讨论，注重团队合作</td><td>10</td><td></td></tr>
<tr><td>小结
建议</td><td colspan="9"></td></tr>
</table>

学习活动3　非标机构调整的检查

1. 能按照调整计划和安全生产操作规范，上电检测工业机器人工作站加盖单元定位装置、手爪抓指（平行夹具）取放与手机壳定位装置等的信号。

2. 能根据产品的生产工艺要求，调整工业机器人程序，并进行上电测试。

3. 能准确记录工作站调整内容并存档，正确规范地填写变更记录单。

建议学时：18学时

学习过程

一、上电前检查

1．观察工业机器人工作站外表是否有明显移位、松动或损坏等现象，若有上述现象，应及时调整或更换。观察传输带上是否放置了物料，若有应移开，以保证工作站正常工作。

请详细记录观察到的异常情况并采取相应措施进行处理。

2．进行工业机器人硬件的调试。接通气路，打开气源，按下电磁阀按钮，确认各气缸及传感器的初始状态处于正常状态。

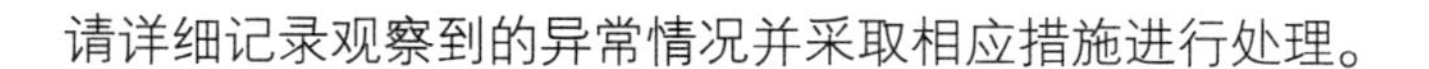

请详细记录观察到的异常情况并采取相应措施进行处理。

二、检测工业机器人感应装置信号

1．检查工业机器人工作站感应装置 I/O 信号是否正常，并记录在表 3-3-1 所示工业机器人工作站非标机构调整自检表中。

表 3-3-1　　工业机器人工作站非标机构调整自检表

检查项目	检查结果	备注
平行夹具	□ I/O 信号正常 □ I/O 信号不正常	
吸盘	□ I/O 信号正常 □ I/O 信号不正常	
盖到位检测传感器	□ I/O 信号正常 □ I/O 信号不正常	
有盖检测传感器	□ I/O 信号正常 □ I/O 信号不正常	
推盖伸出限位传感器	□ I/O 信号正常 □ I/O 信号不正常	
推盖缩回限位传感器	□ I/O 信号正常 □ I/O 信号不正常	
仓库 1 检测传感器	□ I/O 信号正常 □ I/O 信号不正常	
仓库 2 检测传感器	□ I/O 信号正常 □ I/O 信号不正常	
推盖气缸电磁阀	□ I/O 信号正常 □ I/O 信号不正常	

2．根据图 3-3-1 所示的光纤传感器调节说明调节光纤传感器，使其感应范围为 0 ~ 20 mm，要求能感应到检测物体，并输出信号，写出其调整方法与调节注意事项。

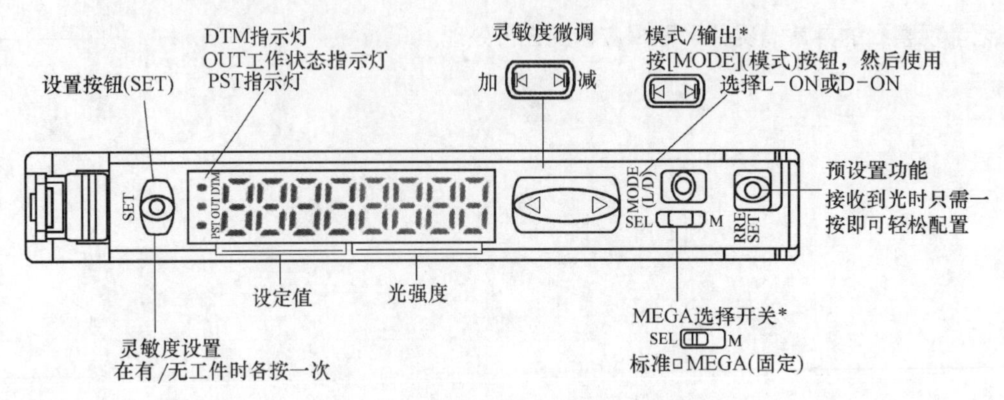

图 3-3-1　光纤传感器调节说明

三、检测工业机器人程序示教点高度

1．如图 3-3-2 所示为工业机器人加盖示教点示意图，根据控制要求，单机运行工业机器人装配程序，观察手机加盖点 P_4 的高度，简述确保程序点位高度修改正确、手机加盖正常的方法。

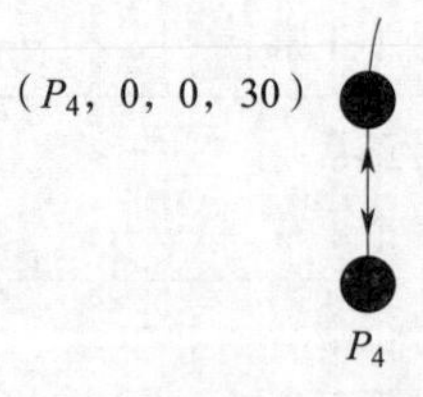

图 3-3-2　工业机器人加盖示教点示意图

2．根据试运行手机加盖子程序的步骤，补全表 3–3–2 所示程序试运行操作步骤中的注意要点。

表 3–3–2　　程序试运行操作步骤的注意要点

序号	操作步骤	注意要点
1	打开示教器	确保电磁阀及气缸为初始状态
2	加载加盖子程序	将程序指针移至________程序，不得移至主程序
3	自动运行程序	速度不得超过______%

3．若发现加盖点 P_4 高度还存在偏高的现象，加盖存在一定的误差，则程序中的示教点应降低还是升高？记录此时的高度和原程序的高度相差多少。

四、整体调试与运行程序

按照图 3–3–3 所示的流程图要求完成程序的调试与运行，并在表 3–3–3 中补全调试步骤。

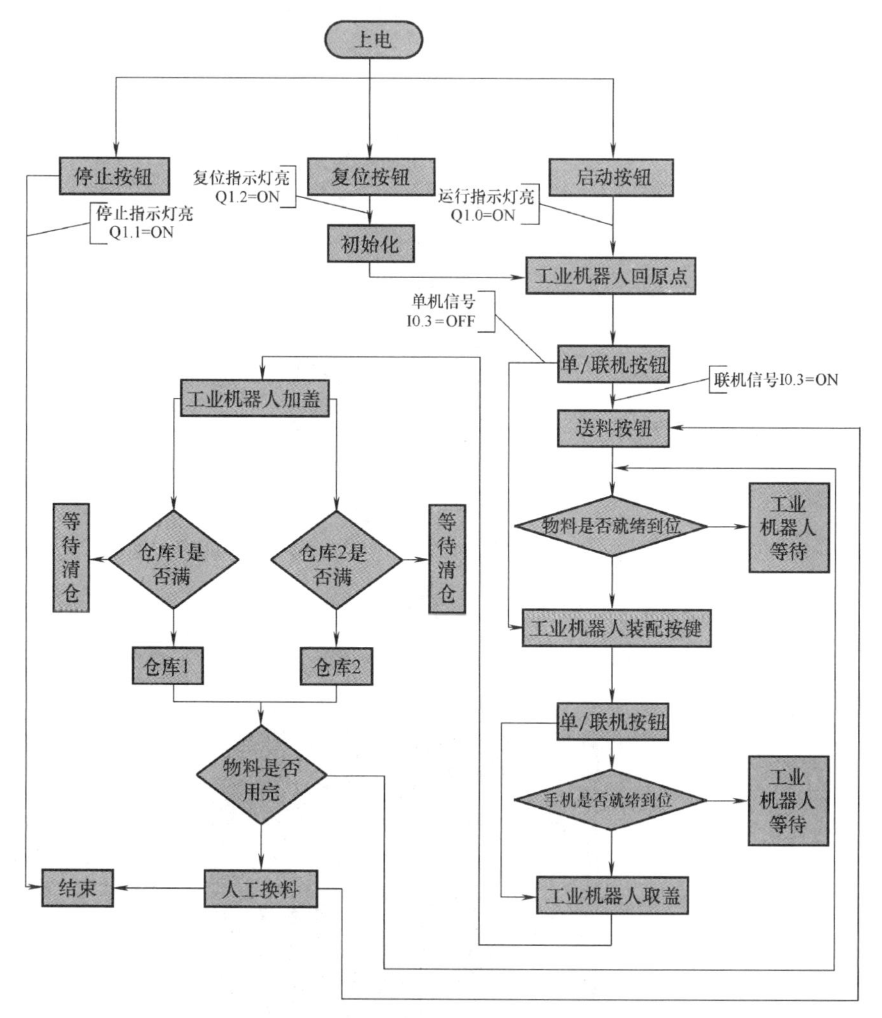

图 3–3–3　程序调试与运行流程图

表 3-3-3　　程序整体调试步骤

序号	调试步骤	图示	说明
1	单机检查______单元的运行情况	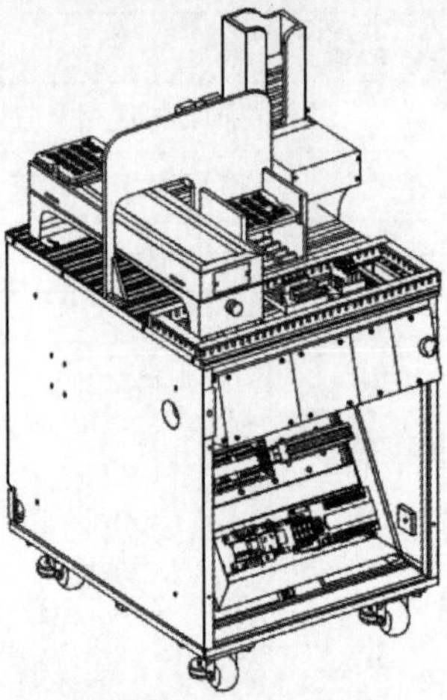	将按键托盘及手机底座送入工作区
2	单机检查______单元的运行情况	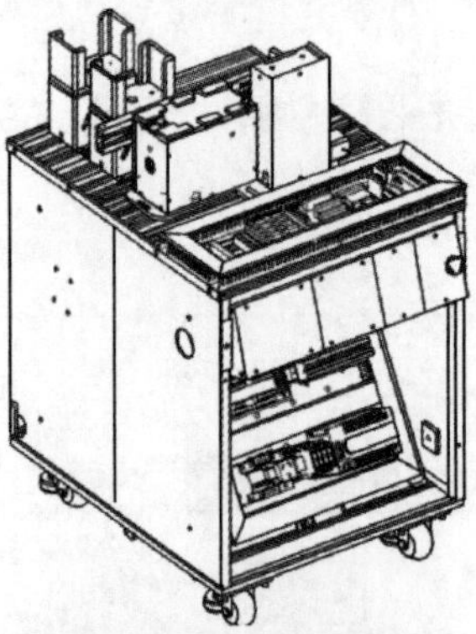	负责手机盖的上料及装配完的手机存储功能
3	单机检查______单元的运行情况		手机按键装配及手机加盖、入料仓
4	整体联调	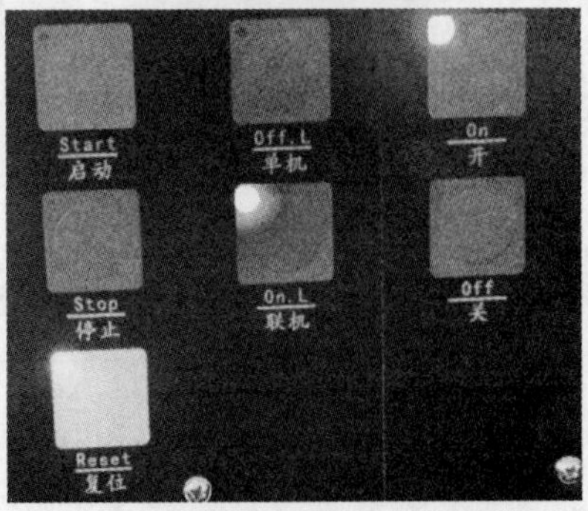	上电后，先按下“______”按钮，再按下“复位”按钮，最后按下“______”按钮，观察工作站整体运行情况

五、试运行及填写变更记录单

试运行工业机器人手机按键自动装配工作站，观察工业机器人工作站运行情况是否正常，按要求填写表3-3-4所示工业机器人工作站变更记录单。

表3-3-4　　工业机器人工作站变更记录单

<table>
<tr><td>变更内容</td><td colspan="5"></td></tr>
<tr><td>变更种类</td><td colspan="5">□工艺、技术变更　□机械设备设施、材料等变更　□管理变更　□其他变更</td></tr>
<tr><td>变更部门</td><td></td><td>记录人</td><td></td><td>日期</td><td></td></tr>
<tr><td rowspan="3">变更记录</td><td colspan="5">变更原因：</td></tr>
<tr><td colspan="5">变更内容：</td></tr>
<tr><td colspan="5">变更人：
年　月　日</td></tr>
<tr><td>开机试运行情况记录</td><td colspan="5">第一次：
第二次：
第三次：</td></tr>
<tr><td>变更验收</td><td colspan="5">组织验收部门：
验收主要内容：□加盖单元运行　□上料单元运行　□程序试运行
验收意见：□合格　□不合格
验收建议：□可工作　□需再次调整
验收结论：</td></tr>
</table>

六、存放手机模型和按键

1．将图 3–3–4 所示装配完成后的手机模型入库存放，做好入库登记。

图 3–3–4　按键装配完成后的手机示意图

2．为便于下一装配工作，需将手机按键按顺序摆放至托盘中，请按图 3–3–5 所示手机按键托盘示意图，完成手机按键摆放工作。

图 3–3–5　手机按键托盘示意图

七、学习活动评价

根据表 3–3–5 进行学习活动评价。

表 3–3–5　　学习活动评价表

<table>
<tr><td>班级</td><td></td><td>姓名</td><td></td><td>学号</td><td>日期</td><td>年　月　日</td></tr>
<tr><td>序号</td><td colspan="3">评价要点</td><td>配分 / 分</td><td>得分 / 分</td><td>总评</td></tr>
<tr><td>1</td><td colspan="3">能进行上电前检查</td><td>20</td><td></td><td rowspan="4">□ A（100 ~ 90 分）
□ B（89 ~ 75 分）
□ C（74 ~ 60 分）
□ D（59 ~ 0 分）</td></tr>
<tr><td>2</td><td colspan="3">能检测工业机器人感应装置信号</td><td>10</td><td></td></tr>
<tr><td>3</td><td colspan="3">能检测工业机器人程序示教点高度</td><td>10</td><td></td></tr>
<tr><td>4</td><td colspan="3">能对子程序进行单机运行</td><td>10</td><td></td></tr>
</table>

续表

序号	评价要点	配分/分	得分/分	总评
5	能完成程序整体调试与运行	20		
6	能完成变更记录单的填写	10		
7	能对手机模型和按键进行入库存放	10		
8	能掌握工作进度，高效完成工作	10		
小结建议				

学习活动4　工作总结与评价

学习目标

1. 能按分组情况，分别派代表展示工作成果，说明本次任务的完成情况，并进行分析、总结。

2. 能结合自身任务完成情况，正确、规范地撰写工作总结（心得体会）。

3. 能就本次任务中出现的问题提出改进措施。

4. 能对学习与工作进行反思、总结，并能与他人开展良好合作，进行有效沟通。

建议学时：4学时

学习过程

一、个人评价

按表3-4-1所列评分标准进行个人评价。

表3-4-1　　个人综合评价表

项目	序号	技术要求	配分/分	评分标准	得分/分
工具的选用（10%）	1	调整工具的领取	5	不正确、不合理不得分	
	2	调整工具的使用	5	不正确、不合理不得分	
材料的选用（10%）	3	调整材料的领取	5	不正确、不合理不得分	
	4	调整材料的使用	5	不正确、不合理不得分	
调整操作（65%）	5	加盖单元的调整	10	不合格每处扣1分	
	6	加盖单元程序的调整	10	不合格每处扣1分	
	7	工业机器人上电	10	不合格每处扣1分	
	8	感应装置信号检测	5	不合格每处扣1分	

续表

项目	序号	技术要求	配分 / 分	评分标准	得分 / 分
调整操作（65%）	9	加盖单元高度检测	10	不正确不得分	
	10	整机调试	20	示教点位每错 1 个扣 1 分	
安全文明生产（15%）	11	安全操作	5	不按安全操作规程操作不得分	
	12	工位清理	5	未执行“6S”管理规范不得分	
	13	记录填写	5	填写不规范不得分	
总得分					

二、小组评价

以小组为单位，选择演示文稿、展板、海报、视频等形式中的一种或几种，向全班展示、汇报调整成果。在展示的过程中，以小组为单位进行评价；评价完成后，根据其他小组成员对本组展示成果的评价意见进行归纳、总结。

三、教师评价

认真听取教师对本小组展示成果优缺点以及在完成任务过程中出现的亮点和不足的评价意见，并做好记录。

1．教师对本小组展示成果优点的点评。

2．教师对本小组展示成果缺点及改进方法的点评。

3．教师对本小组在整个任务完成过程中出现的亮点和不足的点评。

四、总结提升

结合自身任务完成情况，通过交流讨论等方式较全面规范地撰写本次任务的工作总结。

评价与分析

按照“客观、公正和公平”原则，在教师的指导下按自我评价（自评）、小组评价（互评）和教师评价（师评）三种方式对自己或他人在本学习任务中的表现进行综合评价。综合等级按 A（100 ~ 90 分）、B（89 ~ 75 分）、C（74 ~ 60 分）、D（59 ~ 0 分）四个级别进行填写，见表 3-4-2。

表 3-4-2　　学习任务综合评价表

考核项目	评价内容	配分 / 分	评价分数		
			自评	互评	师评
职业素养	安全防护用品穿戴整洁，仪容仪表符合工作要求	5			
	安全意识、责任意识强	6			
	积极参加教学活动，按时完成各种学习任务	6			
	团队合作意识强，善于与人交流和沟通	6			
	自觉遵守劳动纪律，尊敬师长，团结同学	6			
	爱护公物，节约材料，管理现场符合“6S”标准	6			
专业能力	专业知识查找及时、准确，有较强的自学能力	10			
	操作积极、训练刻苦，具有一定的动手能力	15			
	技能操作规范，注重调整工艺，工作效率高	10			
工作成果	非标机构调整符合工艺规范，功能满足要求	20			
	工作总结符合要求，展示成果制作质量高	10			
总　分		100			
总评	自评 × 20% + 互评 × 20% + 师评 × 60% =	综合等级	教师（签名）：		

世赛知识

世界技能大赛机器人系统集成项目介绍

机器人系统集成是指根据工作任务的需要，将机器人系统集成（组装）到整体的过程。机器人系统集成的任务包括搬运、堆垛、装配、焊接、打磨等。从业人员通过任务分析、系统设计、设备安装等，通过机器人系统控制器使其成为一个作业系统，并通过编程实现相关的作业流程，完成规定任务。选手需具备机械系统设计、控制系统设计、多关节机器人操作与编程、传感器安装与应用、机械系统和电气系统安装连接的技术能力，完成机器人与电力和其他自动化系统的电气连接、外围设备的集成、系统编程以及文档编制、设备维护和故障排除等任务。

比赛共分为 5 个模块：模块 A 工作组织与管理、模块 B 机械设计与安装、模块 C 电气设计与连接、模块 D 机器人系统编程与调试、模块 E 拓展任务。